# 软硬件协同轻量化的云边智能技术

常荣 于虹 张丙珍 李邦源 杨传旭 ◎ 著

西南交通大学出版社

·成 都·

**图书在版编目（CIP）数据**

软硬件协同轻量化的云边智能技术 / 常荣等著.

成都：西南交通大学出版社，2025.4. -- ISBN 978-7-5774-0297-0

Ⅰ.TP393.027

中国国家版本馆 CIP 数据核字第 2025E6C987 号

Ruan-yingjian Xietong Qinglianghua de Yunbian Zhineng Jishu

# 软硬件协同轻量化的云边智能技术

常 荣 于 虹 张丙珍 李邦源 杨传旭 著

| | |
|---|---|
| 策 划 编 辑 | 李芳芳　余崇波 |
| 责 任 编 辑 | 何明飞 |
| 责 任 校 对 | 谢玮倩 |
| 封 面 设 计 | GT 工作室 |
| 出 版 发 行 | 西南交通大学出版社<br>（四川省成都市金牛区二环路北一段 111 号<br>西南交通大学创新大厦 21 楼） |
| 营销部电话 | 028-87600564　028-87600533 |
| 邮 政 编 码 | 610031 |
| 网　　　址 | https://www.xnjdcbs.com |
| 印　　　刷 | 四川煤田地质制图印务有限责任公司 |
| 成 品 尺 寸 | 185 mm × 240 mm |
| 印　　　张 | 15.75 |
| 字　　　数 | 315 千 |
| 版　　　次 | 2025 年 4 月第 1 版 |
| 印　　　次 | 2025 年 4 月第 1 次 |
| 书　　　号 | ISBN 978-7-5774-0297-0 |
| 定　　　价 | 88.00 元 |

# 前言
## PREFACE

在当今这个数字化时代，云计算和边缘计算已经成为推动技术创新和应用发展的两大引擎。而随着人工智能、物联网和大数据技术的快速发展，云边智能技术作为连接云端和边缘端的桥梁，正成为各行各业实现智能化、高效化的关键。

本书聚焦于软硬件协同轻量化的云边智能技术，探索如何在云端和边缘端实现智能化应用的协同工作，并将重点放在轻量化方案的研究与实践上。通过深入剖析软硬件协同设计与优化、边缘智能算法与模型压缩、云边协同计算与通信等关键技术，为读者提供全面的理论指导和实践方法，帮助他们在云边智能领域取得更加优异的成绩。

全书分为 12 章。首先，介绍云边智能技术的背景和发展现状，解析云计算和边缘计算的基本概念、特点及其在不同领域的应用案例。随后，重点关注软硬件协同设计与优化技术，探讨如何在硬件资源受限的边缘端实现高效的智能计算。同时，还将深入研究边缘智能算法与模型轻量化技术，探索如何通过模型压缩、量化和剪枝等手段，在边缘设备上高效地运行复杂的智能算法。此外，本书还涉及云边协同计算与通信技术，介绍如何利用云端和边缘端的协同工作，实现任务分配、数据传输和计算卸载的优化。

通过系统性的介绍与深入探讨，我们希望读者能够深入理解软硬件协同轻量化的云边智能技术，并能够在实际应用中灵活运用这些技术，推动智能化应用在各个领域的快速发展，为构建智慧社会贡献力量。本书旨在为学术界和工程界的研究人员、工程师、学生和相关从业者提供全面、系统的参考，以促进云边智能技术领域的进一步研究与应用。

作　者

2024 年 10 月

# 目 录
CONTENTS

# 第 1 章

# 边缘技术与智能终端设备概述

## 1.1 边缘计算技术简介

边缘计算技术是一种新兴的计算模式，其核心思想是将计算资源、网络、存储和应用能力下沉到靠近物或数据源头的边缘侧，为用户提供最近端的服务。这种计算模式通过减少数据传输的延迟和带宽消耗，提高数据处理的效率，满足行业在实时业务、应用智能、安全与隐私保护等方面的基本需求。

在传统的云计算模式下，所有的计算和数据处理任务都需要通过网络传输到云端进行处理，然后再将结果返回给用户。然而，这种方式存在明显的延迟和带宽消耗问题。而边缘计算技术将计算资源放置在离用户更近的边缘节点上，能够大大减少数据传输的时间和流量。

边缘计算技术具有多个显著特点。首先，它实现了数据的近端存储和处理。当用户设备产生大量的实时数据时，可以通过边缘节点进行实时处理和分析，从而减少了数据传输和数据存储的负担。其次，边缘计算技术具有实时性、可扩展性、可移植性、高效性和安全性等特点。它能够实现实时的数据处理和分析，提高应用的响应速度，并且可以根据需要通过增加计算节点来扩展，满足大规模的数据处理需求。最后，边缘计算可以在不同的硬件平台上运行，如智能手机、智能家居设备、智能汽车等。

在应用领域方面，边缘计算技术具有广泛的适用性。例如，在智能交通领域，边缘计算可以用于处理和分析道路上的车辆和行人数据，实现自动驾驶汽车、智能交通信号灯、智能停车场等功能。在工业自动化领域，它可以用于处理和分析工厂生产线上的传感器数据，实现智能生产线、智能仓库等功能。此外，边缘计算还可以应用于农业、医疗、城市智能化和消费电子等多个领域。

然而，边缘计算技术也存在一些缺点。例如，与云计算相比，边缘计算的可扩展性可能受到一定限制。这是因为，若要扩展边缘计算的能力，通常需要为组织添加设备或对设备进行物理升级，这相对于在云上单击鼠标按钮便能添加更多存储和计算能力来说更为复杂。此外，保护分布式边缘计算网络的安全可能也是一个挑战，需要对每个单独部署的设备进行物理访问，并且增加多个边缘计算设备可能会增加被攻击的表面积。

尽管如此，随着技术的不断进步和优化，边缘计算技术有望在未来发挥更大的作用。它不仅可以提高数据处理效率，降低网络延迟，还可以为各种实时应用提供更快速、更安全的服务。因此，边缘计算技术有望成为未来计算领域的重要发展方向之一。

## 1.2　智能终端设备的发展与应用

智能终端设备的发展与应用领域广泛且深入，涵盖了多个技术层面和实际应用场景。智能终端设备的发展经历了多个阶段。起初，智能手机作为智能终端设备的代表，凭借其强大的计算能力和丰富的功能，迅速成为全球销量最高的智能终端。随着技术的不断进步，可穿戴产品如智能手环、智能手表等开始流行，为用户提供了更加便捷的生活体验。近年来，智能门锁等智能家居产品逐渐兴起，满足了人们对于安全和生活便利性的需求。

智能终端设备的发展离不开技术的持续创新。近年来，AI（人工智能）技术在智能终端设备中的应用日益广泛。新一代 AI 手机通过硬件升级和成本提升，实现了存储、屏幕、影像设备的升级，为用户带来了更为智能的交互体验。同时，AI 在各个终端产品的渗透也是重要方向，包括 PC（个人计算机）、手机等，都有望形成新的增量。这些技术革新推动了智能终端设备向"智能 2.0 时代"升级。

智能终端设备的应用场景日益丰富。它们不仅应用于智能手机、智能机器人、智慧大屏设备等消费电子产品，还广泛应用于智能家居、智能制造、消费电子等行业。例如，通过安装智能摄像头和传感器，智慧城市监控系统可以实时监测城市各个角落的交通流量、环境污染等信息，帮助城市管理部门进行资源分配和环境治理。此外，智能医疗护理系统可以实时监测患者的生命体征、用药情况等信息，提供远程医疗咨询和护理指导，提高医疗服务质量和效率。

## 1.3　电力终端边缘计算与智能化的挑战

电力终端边缘计算与智能化的发展面临着多方面的挑战。为了克服这些挑战，需要持续推动技术创新和应用研究，提升电力终端设备的硬件性能和网络连接能力，加强智能化应用的开发和优化，同时加强安全防护措施，确保电力行业的安全、稳定运行。电力终端边缘计算与智能化的发展在推动电力行业转型升级的同时，也面临着诸多挑战。这些挑战不仅涉及技术层面，还涉及实际应用和安全性等多个方面。

从技术层面来看，电力终端边缘计算要求设备具备较高的计算和存储能力，以应对大量的实时数据处理需求。然而，目前许多电力终端设备在硬件性能上还存在一定的局限性，难以满足边缘计算的高性能要求。此外，边缘计算还需要考虑设备的稳定性和低功耗设计，以确保在长时间运行过程中保持稳定的性能和较低的能耗。

在实际应用方面，电力终端边缘计算面临着网络连接的稳定性和实时性方面的挑战。电力终端设备通常部署在分散的地理位置，网络环境的复杂性和不稳定性可能导致数据传输的延迟和丢包，从而影响边缘计算的实时性和准确性。

智能化的发展也对电力终端边缘计算提出了更高的要求。智能化需要边缘计算系统能够实现对电力设备的智能监控、故障诊断和预测性维护等功能。然而，这要求边缘计算系统具备强大的数据处理和分析能力，以及与其他系统的协同工作能力。目前，电力终端边缘计算在智能化应用方面还处于起步阶段，需要进一步研究和探索。

安全性是电力终端边缘计算与智能化发展中不可忽视的挑战。随着边缘计算的应用范围不断扩大，网络安全问题也日益突出。电力终端设备可能面临来自外部的攻击和恶意软件的威胁，导致数据泄露、设备被控制等严重后果。因此，加强电力终端边缘计算系统的安全防护措施，提高系统的抗攻击能力，是确保电力行业安全、稳定运行的关键。

## 1.4　边缘计算与智能终端在电网企业的应用前景

边缘计算与智能终端在电网企业的应用前景，可以说是充满了巨大的潜力和机遇。随着电力行业的快速发展和智能化转型的推进，边缘计算和智能终端技术的融合将为电网企业带来前所未有的变革。

首先，边缘计算技术以其低延迟、高带宽的特性，能够实现对电网数据的实时处理和分析。在电网企业的运营过程中，大量的实时数据需要被快速、准确地处理，以便及时响应各种电力需求和故障情况。边缘计算技术的应用，能够将数据处理和分析的任务下沉到电网的边缘侧，减少了数据传输的延迟，提高了数据处理的速度和效率。这使得电网企业能够更快速地做出决策，优化电力资源的分配和调度，提高电网的稳定性和可靠性。

其次，智能终端设备在电网企业中发挥着越来越重要的作用。这些设备通过集成传感器、通信模块和智能算法，能够实现对电网设备的实时监控和智能控制。例如，智能电表可以实时采集用户的用电数据，为电网企业提供准确的用电信息，帮助制订更科学的电力分配计划。智能巡检机器人可以自主巡检电网设备，及时发现潜在的故障风险，提高了电网设备的安全性和可靠性。此外，智能终端设备还可以与用户进行互动，提供个性化的电力服务，提升用户的用电体验。

边缘计算与智能终端的结合，将进一步推动电网企业的智能化发展。通过边缘计算技术，电网企业可以实现对智能终端设备的集中管理和控制，实现设备的协同工作和数据共享。这将使得电网企业能够更加精准地掌握电网的运行状态，及时发现和解决问题，提高电网的运维效率和管理水平。

同时，随着物联网、大数据、人工智能等技术的不断发展，边缘计算与智能终端在电网企业的应用也将不断创新和拓展。例如，通过利用大数据分析和人工智能技术，电网企业可以对海量的电网数据进行深度挖掘和分析，发现电网运行中的潜在规律和趋势，为电网的优化和升级提供有力支持。此外，随着可再生能源的快速发展，电网企业需要更加灵活和智能地接入和管理各种分布式能源，边缘计算和智能终端技术的应用将在这方面发挥重要作用。

然而，边缘计算与智能终端在电网企业的应用也面临一些挑战和问题需要解决。例如，如何保障边缘计算的安全性和隐私性，防止数据泄露和攻击；如何优化边缘计算的性能和效率，满足电网企业的高要求；如何制定统一的标准和规范，推动边缘计算和智能终端的广泛应用等。这些问题需要电网企业、技术提供商和政府部门等多方共同努力解决。

# 第 2 章

# 电网企业边缘数据的传输与计算

## 2.1 电力终端产生的海量边缘数据

电力终端产生的海量边缘数据是指由各种电力设备、传感器和系统在电力网络中产生的大量数据。这些数据通常是在电力系统的边缘（即接近数据源的地方）生成的，而不是通过传统的集中式数据中心收集和处理。以下是一些常见的电力终端设备和系统以及它们产生的数据类型和量级：

智能电表：智能电表是一种能够实时监测电能使用情况的设备。它们可以记录每个电器或设备的用电量，功率消耗情况以及电力质量参数。在大型建筑物或城市中，使用了大量的智能电表，每个智能电表每分钟可能产生数十到数百条数据。

配电设备：配电设备如断路器、变压器和开关也可以配备智能传感器，监测其运行状态、温度、电流和电压等参数。这些数据对于管理电网负载、预测设备故障和进行实时调整非常重要。

可再生能源设备：太阳能和风能发电设备的数据同样重要。这些设备产生的数据包括光伏板和风力涡轮机的发电量、转速、风速、辐照度等参数。这些数据对于优化能源生产、管理发电能力和预测天气条件至关重要。

传感器网络：电力终端还包含各种环境传感器，用于监测温度、湿度、气压和空气质量等环境因素。这些数据有助于实时监测电力设备的运行环境，并帮助预测和预防潜在的故障。

负荷监测系统：负荷监测系统记录和分析整个电网的负荷情况，通常以分钟或秒为单位采样。这些数据对于优化电网运行、动态负载平衡和故障诊断至关重要。

总的来说，电力终端产生的数据量是巨大的，并且随着电力设备和传感器的数量增加，数据量也在不断增长。处理这些海量边缘数据需要强大的数据存储、处理和分析能力，以及先进的人工智能和机器学习技术，以从中提取有用的信息并支持电力系统的安全、高效运行。

## 2.2 云计算在电网行业中的应用

云计算作为一种灵活、高效、可扩展的计算资源管理方式，已经在电网行业中发挥了重要作用。它通过提供数据存储、处理和分析的能力，支持电网行业的数字化转型和智能化升级。以下是云计算在电网行业中的一些关键应用：

数据采集与共享：云计算平台能够实现电网系统中各类数据的集中管理和共享。这包括从发电厂、变电站、配电网到用户端的实时数据采集，以及历史数据的存储和访问。通过云平台，电网公司可以更高效地管理和分析数据，从而提高运营效率和服务质量。

大数据分析：电网行业产生了大量的数据，包括负荷数据、发电数据、用户用电数据等。云计算提供了强大的数据处理和分析能力，使得电网公司能够通过大数据分析技术，如数据挖掘和机器学习，来优化电网运行，预测和调整电力供应，提高能源利用效率。

智能调度与优化：云计算平台支持电网的实时调度和优化。通过云计算，电网运营商可以实时监控电网状态，进行负荷预测和电力分配，优化发电和输电计划，确保电网的稳定和高效运行。

新能源接入与消纳：随着新能源（如风能、太阳能）的快速发展，云计算在新能源接入和消纳方面发挥着重要作用。云平台可以处理和分析来自新能源发电的数据，帮助电网运营商更好地管理和调度这些不稳定的能源，提高新能源的利用率。

电网安全与可靠性：云计算提供了高级的安全措施和可靠性保障。通过云平台，电网公司可以实现对电网设备的远程监控和维护，及时发现和响应潜在的安全问题，确保电网的稳定运行。

客户服务与互动：云计算使得电网公司能够提供更加个性化和高效的客户服务。通过云平台，用户可以实时查询用电信息，参与需求响应计划，甚至通过智能家居系统与电网互动，实现更智能的用电管理。

电力市场运营：云计算支持电力市场的运营和交易。通过云平台，电力交易可以更加透明和高效，市场参与者可以实时获取市场信息，进行电力买卖，促进电力资源的合理配置。

AI与自动化：结合人工智能技术，云计算可以进一步提升电网的智能化水平。AI算法可以在云平台上运行，进行自动化的故障检测、预测性维护、优化控制等，提高电网的运行效率和可靠性。

总之，云计算在电网行业中的应用正变得越来越广泛和深入，它不仅提高了电网的运营效率和安全性，还推动了电网行业向更加智能化、绿色化的方向发展。随着技术的不断进步和应用的不断深化，云计算将继续为电网行业带来革命性的变化。

## 2.3　云计算与边缘计算的协同优势

云计算与边缘计算的协同优势体现在多个方面，它们共同构建了一个更加强大、灵活和高效的计算生态系统。

低延迟：边缘计算的一个显著优势是能够提供接近实时的处理速度。通过在网络边缘执行数据处理和分析，边缘计算减少了数据在网络中传输的距离和时间，从而显著降低了延迟。这对于需要快速响应的应用（如自动驾驶汽车、工业自动化、远程医疗等）至关重要。云计算与边缘计算的协同工作可以确保非实时、计算密集型任务在云端处理，而实时、敏感性任务在边缘完成，从而实现整体系统的低延迟运行。

带宽节省：通过在边缘设备上进行数据的预处理和分析，只有必要的数据和处理结果需要被发送到云端，这样可以大大减少网络带宽的占用。这对于带宽受限的环境尤其重要，可以有效降低数据传输成本，并减轻中央数据中心的负担。

数据隐私和安全性：边缘计算允许在数据产生的地点进行处理，这意味着敏感数据不必传输到云端，从而降低了数据泄露的风险。结合云计算的安全性措施，云边协同可以提供更加全面的数据保护策略，确保数据的隐私和安全。

弹性和可扩展性：云计算提供了几乎无限的存储和计算资源，而边缘计算则利用分布式的边缘节点来提供计算和存储能力。这种协同工作模式使得系统可以根据需求动态调整资源分配，提高整体的弹性和可扩展性。

容错和可靠性：边缘计算可以在本地进行数据处理，即使云端服务不可用，边缘设备仍然可以独立运行，以保持业务的连续性。同时，云计算可以为边缘计算提供备份和恢复支持，增强整个系统的容错能力和可靠性。

能源效率：边缘计算可以在离数据源更近的地方进行数据处理，减少了数据传输的能耗。同时，云计算可以通过优化算法和资源调度来提高能源效率。云边协同可以实现能源的最优分配和使用，降低整体能耗。

应用优化：云边协同可以根据应用的特性和需求进行优化。例如，对于需要高频交互的应用，可以在边缘进行处理以提高响应速度；而对于需要大量计算资源的任务，则可以在云端进行处理。这种协同工作模式可以为不同的应用场景提供定制化的解决方案。

综上，云计算与边缘计算的协同优势在于它们可以互补对方的不足，同时发挥各自的长处，共同构建一个更加强大、灵活和高效的计算环境。这种协同工作模式对于满足现代应用对于实时性、带宽、安全性、可扩展性、可靠性和能源效率的高要求至关重要。

## 2.4　云边协同数据处理与传输优化

云边协同数据处理与传输优化是一种综合性策略，旨在通过云计算和边缘计算的紧密合作，提高数据处理效率和传输性能。在这种模式下，系统能够根据数据的特性、处理需求和实时性要求，智能地决定在何处处理数据，以及如何传输数据，以达到最优的性能表现。

在数据处理方面，云边协同架构允许边缘设备进行局部的数据处理和分析，这样可以减少不必要的数据传输，降低网络负载。边缘设备通常负责处理那些对实时性要求高的任务，如数据过滤、实时监控、初步分析等。这些任务对延迟非常敏感，因此在数据产生的地点进行处理可以大大提高响应速度。

同时，云计算中心则负责处理那些需要大规模计算资源或长期存储的任务。云计算中心拥有更强大的计算能力和存储容量，可以进行复杂的数据分析、机器学习模型训练、大数据处理等任务。此外，云计算中心还可以对边缘设备进行统一管理和监控，确保整个系统的稳定运行。

在数据传输方面，云边协同架构通过智能路由和传输协议优化，确保数据能够在网络中高效传输。这包括使用压缩算法减少传输数据的大小，采用负载均衡技术分散网络流量，以及利用缓存和内容分发网络（CDN）减少重复数据的传输。

此外，云边协同还涉及数据安全和隐私保护的优化。在边缘设备上进行数据处理可以减少敏感数据在网络中的传输，从而降低数据泄露的风险。同时，边缘设备和云计算中心之间的通信需要加密，以防止数据在传输过程中被截获或篡改。

通过这种方式，云边协同数据处理与传输优化不仅提高了数据处理的速度和效率，还提升了系统的性能和可靠性。这种优化策略适用于各种应用场景，如智慧城市、工业自动化、自动驾驶汽车、远程医疗等，这些场景都需要快速、高效和安全的数据处理与传输能力。总的来说，云边协同通过智能化的数据处理和传输优化，为现代计算提供了一种强大而灵活的解决方案。

## 2.5　云端智能算法与边缘设备智能算法的融合

云端智能算法与边缘设备智能算法的融合是一种先进的技术策略，它结合了云计算的强大处理能力和边缘计算的即时性与本地化优势，以实现更加智能和高效的数据处理。这种融合策略在多个层面上发挥作用，包括数据预处理、分析、决策制定和自动化操作等。

在数据预处理阶段，边缘设备上的智能算法可以对收集到的原始数据进行初步筛选和清理，如去除噪声、填充缺失值、数据标准化等。这样，只有经过预处理的高质量数据才会被发送到云端，从而减少了数据传输量和网络负载。

在数据分析层面，云端的智能算法可以执行更为复杂和深入的数据处理任务，如模式识别、趋势预测、异常检测等。这些算法通常基于机器学习、深度学习或其他先进的统计技术。与此同时，边缘设备上的智能算法可以进行实时的局部分析，快速响应局部事件，如在工业自动化中对设备状态进行监控和预警。

在决策制定方面，云端智能算法可以基于全局视角和历史数据进行宏观决策支持，而边缘设备的智能算法则专注于基于局部数据和即时情况的微观决策。这种宏观与微观的结合，使得整个系统能够更加灵活和高效地响应各种情况。

在自动化操作方面，边缘设备的智能算法可以实现快速的反馈控制，如自动调节生产线速度、调整交通信号灯等。这些操作通常需要非常低的延迟和高可靠性。云端智能算法则可以进行长期的优化和调整，通过分析来自多个边缘设备的大量数据，不断改进自动化策略。

此外，云端与边缘设备的智能算法融合还可以提高系统的可扩展性和灵活性。随着边缘设备数量的增加，云端算法可以动态调整资源分配和任务调度，以适应不断变化的需求。同时，边缘设备的算法可以根据本地环境和条件自主适应和学习，提高整个系统对不同场景的适应能力。

安全性也是云端与边缘设备智能算法融合的一个重要考虑因素。边缘设备可以在数据产生的地方进行加密和安全检查，而云端则可以提供更为集中的安全分析和响应机制，共同构建一个多层次的安全防护体系。

总之，云端智能算法与边缘设备智能算法的融合是一种强大的技术趋势，它通过在云端和边缘设备之间合理分配计算任务，实现了数据处理的高效性、实时性和智能化，为各种应用场景提供了更加强大和灵活的解决方案。

## 2.6　传输与存储边缘数据的挑战与解决方案

传输与存储边缘数据是在边缘计算环境中面临的关键挑战之一。边缘数据通常是由分布在网络边缘的传感器、设备和终端产生的实时数据，包括传感器读数、监控数据、图像和视频等。这些数据需要快速、可靠地传输到中央处理中心或云端进行存储、分析和处理。本节将针对传输与存储边缘数据的挑战及解决方案进行详细阐述。

### 1. 带宽限制

挑战：在边缘计算环境中，网络带宽通常是有限的，尤其是在远离主干网络的边缘位置。传输大量的实时数据可能会导致网络拥塞和延迟。

解决方案：通过采用数据压缩、数据过滤和数据聚合等技术，可以减少需要传输的数据量，从而降低对带宽的需求。此外，还可以使用智能路由和流量控制技术来优化数据传输路径，提高传输效率。

### 2. 数据安全与隐私

挑战：边缘数据的传输需要考虑数据安全和隐私保护的问题。传输过程中可能会面临数据泄露、篡改和未经授权的访问等安全威胁。

解决方案：采用端到端的加密和认证机制，确保数据在传输过程中的安全性。同时，可以在边缘设备和传输通道上部署安全防护措施，如防火墙、入侵检测系统和虚拟专用网络（VPN），以提供多重保护。

### 3. 数据延迟

挑战：边缘数据需要实时传输和处理，但在远程边缘设备和中央数据中心之间的传输可能会导致数据延迟，影响实时性。

解决方案：采用边缘计算技术，在边缘设备或边缘节点上进行数据处理和分析，减少对中央数据中心的依赖，从而降低数据传输延迟。此外，还可以使用内容分发网络（CDN）等技术，在边缘节点上缓存数据，提高数据访问速度。

### 4. 存储容量

挑战：边缘设备的存储容量有限，无法存储大量的边缘数据。此外，长期存储大量数据可能会带来高昂的成本。

解决方案：采用分布式存储和存储优化技术，将数据存储在多个边缘节点上，以提高存储容量和可靠性。同时，可以采用数据生命周期管理策略，根据数据的重要性和使用频率，将数据迁移到合适的存储介质中，以降低存储成本。

传输与存储边缘数据面临多重挑战，但通过采用合适的技术和策略，可以有效地解决这些挑战，实现边缘数据的快速、安全和可靠传输与存储。这将为边缘计算应用和服务的发展提供坚实的基础，推动智能化、互联化的未来。

## 2.7 边缘计算技术在边缘数据处理中的应用

边缘计算技术在边缘数据处理中发挥着关键作用，它使得数据可以在接近数据源的边缘设备或节点上进行实时处理和分析，从而减少了数据传输延迟、降低了网络带宽压力，并且提高了系统的响应速度和可靠性。本节将对边缘计算技术在边缘数据处理中的应用进行详细阐述。

1. 实时数据分析

边缘计算技术使得数据可以在距离数据源更近的边缘设备上进行实时分析。这种实时数据分析可以帮助用户及时发现并应对突发事件或异常情况，如监控传感器数据以识别设备故障，或者分析交通数据以调整交通信号灯的时序。

2. 智能决策支持

在边缘设备上运行的边缘计算系统可以执行本地的智能决策支持算法，以实现更快速的响应和更高效的资源利用。例如，智能监控摄像头可以在边缘设备上进行图像识别和分析，实时检测异常行为并触发警报，而无须将大量的视频数据传输到中央服务器进行处理。

3. 数据过滤与聚合

边缘计算技术可以在边缘设备上对数据进行预处理、过滤和聚合，从而减少需要传输到中央服务器的数据量。这有助于节省网络带宽和降低数据传输延迟，并且能够更有效地利用有限的网络资源。例如，传感器数据可以在边缘设备上进行简单的统计分析，只有在检测到异常情况时才会触发数据传输。

4. 协同处理与协同决策

边缘计算技术支持多个边缘设备之间的协同处理和协同决策。通过在边缘节点之间共享数据和计算资源，可以实现分布式的数据处理和决策支持，从而更好地适应复杂的边缘环境和动态的工作负载。

5. 安全隐私保护

边缘计算技术还可以在边缘设备上执行数据的安全处理和隐私保护。例如，对于一些敏感数据或个人隐私数据，可以在边缘设备上进行本地加密或匿名化处理，以减少数据传输过程中的安全风险和隐私泄露的可能性。

总的来说，边缘计算技术在边缘数据处理中的应用可以实现更快速、更智能、更安全的数据处理和决策支持，为各种边缘应用场景提供了强大的技术支持，并且有助于推动边缘计算技术的发展和应用。

# 第 3 章

# 边缘数据感知与风险识别

## 3.1 边缘数据感知与实时监测的重要性

边缘数据感知与实时监测的重要性，体现在多个方面，不仅关乎技术的先进性，也影响着现代社会的运转效率与安全。

首先，边缘数据感知与实时监测是实现智能化、自动化的关键。随着物联网、云计算等技术的不断发展，各种智能设备和应用正逐渐渗透到人们生活的各个方面。边缘数据感知与实时监测作为这些智能设备和应用的核心技术之一，能够实时获取和处理设备产生的数据，从而实现对设备的智能化控制和自动化管理。例如，在智能家居领域，通过边缘数据感知与实时监测技术，可以实现对家中各种设备的远程控制、自动调节等功能，提升居住体验的便捷性和舒适性。

其次，边缘数据感知与实时监测有助于提升数据处理的效率和实时性。在传统的数据处理模式中，数据通常需要经过传输、存储、分析等多个环节，这不仅可能导致数据的延迟和失真，还可能增加数据处理的成本和复杂度。而边缘数据感知与实时监测技术则能够在数据产生的源头进行实时处理和分析，减少了数据传输和存储的需求，从而提高了数据处理的效率和实时性。这对于需要快速响应和决策的场景来说尤为重要，如智能交通、智能制造等领域。

再者，边缘数据感知与实时监测对于保障安全和隐私也具有重要意义。随着数据泄露、隐私侵犯等问题的日益严重，如何保障数据的安全和隐私成为了人们关注的焦点。边缘数据感知与实时监测技术可以在数据产生和处理的源头进行加密和安全控制，减少数据泄露的风险。同时，通过实时监测和分析数据的变化和异常，可以及时发现并应对潜在的安全威胁，提高系统的安全性。

最后，边缘数据感知与实时监测有助于推动创新和应用拓展。随着技术的不断进步和应用场景的不断拓展，边缘数据感知与实时监测技术也将不断发展和完善。未来，这一技术有望在更多领域实现应用，如远程医疗、环境监测等，为人们的生活带来更多便利和可能性。

综上所述，边缘数据感知与实时监测的重要性不仅体现在技术层面，更关乎现代社会的发展和进步。随着技术的不断发展和应用场景的不断拓展，其重要性将愈发凸显。

## 3.2　快速响应与定位风险隐患的需求

快速响应与定位风险隐患的需求在现代社会中显得尤为迫切和重要。随着信息技术的飞速发展，各类风险隐患日益增多，且其传播速度和影响范围也在不断扩大。因此，能够快速响应并准确定位风险隐患，对于保障社会安全、维护企业稳定、提升运营效率等方面都具有重要意义。

首先，快速响应风险隐患是保障社会安全的重要手段。在网络安全、公共卫生、自然灾害等领域，风险隐患的及时发现和快速响应能够有效减少潜在损失，保障人民生命财产安全。例如，在网络安全领域，通过实时监测和分析网络流量，一旦发现异常行为或攻击迹象，便可迅速采取阻断、隔离等措施，防止网络攻击扩散并造成更大损失。

其次，快速响应与定位风险隐患对于维护企业稳定至关重要。在市场竞争日益激烈的今天，企业面临着诸多风险挑战，如市场风险、财务风险、供应链风险等。通过建立和完善风险预警机制，企业可以及时发现潜在风险隐患，并迅速采取措施加以应对，从而避免风险扩大化，保障企业的正常运营和稳定发展。

最后，快速响应与定位风险隐患还有助于提升运营效率。在生产制造、物流配送等领域，通过实时监测设备运行状况、物流运输情况等关键指标，一旦发现异常情况，便可迅速定位问题所在，并采取有效措施加以解决。这不仅可以减少设备故障、运输延误等问题的发生，还可以提高生产效率和服务质量，增强企业的市场竞争力。

为了满足快速响应与定位风险隐患的需求，需要采取一系列措施。首先，加强技术研发和创新，提升风险监测和预警的准确性和时效性。其次，建立完善的风险管理制度和应急预案，明确各部门的职责和协同机制，确保在风险事件发生时能够迅速响应并有效应对。最后，加强人员培训和演练，提高员工的风险意识和应对能力也是至关重要的。

总之，快速响应与定位风险隐患的需求是现代社会发展的重要保障。通过加强技术研发、完善管理制度、提高人员素质等多方面的努力，可以更好地应对各类风险挑战，保障社会安全、维护企业稳定、提升运营效率。

## 3.3　快速感知与智能分析技术的应用

快速感知与智能分析技术作为当今科技领域的两大重要分支，在多个领域都展现出了巨大的应用潜力和价值。快速感知技术其核心在于实现对目标或环境的快速、准确识别与感知。这种技术通常依赖于先进的传感器和数据处理系统，能够实时捕获并处理大量的数据，从而实现对目标或环境的精准感知。在自动驾驶汽车领域，快速感知技术能够实现对周围车辆、行人、道路标志等的快速识别，为车辆提供及时、准确的决策依据，确保行车安全；在医疗领域，快速感知技术可被应用于生命体征监测，实现对患者心率、血压等生理指标的实时感知，为医生提供及时的治疗依据。

智能分析技术则侧重于对感知到的数据进行深度分析和处理，以提取出有价值的信息。这种技术通常依赖于人工智能和机器学习算法，能够自动识别和解释数据中的模式、趋势和关联，从而为决策提供有力支持。在金融领域，智能分析技术可以用于风险评估和欺诈检测，通过对交易数据的深度分析，识别出异常模式和潜在风险，保护金融机构和客户的利益；在智慧城市建设中，智能分析技术可以应用于交通流量分析、环境质量监测等方面，为城市规划和管理提供科学依据。

快速感知与智能分析技术的结合应用，更是能够发挥出强大的协同效应。在安防领域，这两种技术的结合可以实现对监控视频的实时分析和预警。通过快速感知技术识别出异常行为或事件，再利用智能分析技术对事件进行深度分析和判断，从而实现对安全事件的及时发现和处理。在智能制造领域，快速感知与智能分析技术可被用于生产线的自动化控制和优化。通过对生产数据的实时感知和分析，可以实现对生产过程的精准控制，提高生产效率和产品质量。

此外，这两种技术还在地震监测、台风监测等自然灾害预警领域发挥着重要作用。通过快速感知技术收集地表变形、地震波等数据，再结合智能分析技术对数据进行处理和分析，可以实现对地震等自然灾害的及时预警和应对。同样，在台风监测中，快速感知技术可以实时收集台风的位置、风向等信息，智能分析技术则可以对这些信息进行处理和分析，为公众提供准确的预警和安全路线提示。

## 3.4　图像数据的实时计算与处理方法

图像数据的实时计算与处理方法涉及对图像数据进行快速、高效的处理和分析，以满足实时性要求。这种方法在诸如视频监控、医学影像分析、自动驾驶、虚拟现实等领域都有着广泛的应用。以下是图像数据实时计算与处理的一些主要方法和技术：

（1）并行计算：利用并行计算技术，如 GPU（图形处理单元）和多核 CPU（中央处理单元），可以加速图像数据的处理。通过将图像处理算法并行化，同时利用多个计算单元对图像进行分块处理或同时处理多个图像，从而提高处理速度。

（2）硬件加速：利用专用的硬件加速器，如 FPGA（现场可编程门阵列）和 ASIC（应用特定集成电路），可以实现对图像数据的快速处理。这些硬件加速器可以针对特定的图像处理任务进行优化，提供更高的计算性能和能效比。

（3）流式处理：采用流式处理（Stream Processing）技术，将图像数据划分为连续的数据流，通过流式处理引擎实时处理图像数据。这种方法可以有效地处理大规模图像数据，并在数据到达时即时进行处理，满足实时性要求。

（4）分布式计算：利用分布式计算框架，如 Apache Spark、Apache Flink 等，将图像处理任务分布到多个计算节点上并行处理。通过分布式计算，可以实现对大规模图像数据的快速处理，并提供良好的可伸缩性和容错性。

（5）低延迟算法：设计和优化低延迟的图像处理算法，以减少处理过程中的等待时间。例如，采用快速算法和近似算法来替代复杂的算法，以降低计算复杂度和减少处理时间。

（6）预处理与后处理：在实时处理之前和之后，对图像数据进行预处理和后处理，以减少实时处理的计算量。预处理包括图像降噪、边缘检测、特征提取等；后处理包括结果优化、图像压缩等。

（7）深度学习与卷积神经网络（CNN）：利用深度学习技术和卷积神经网络，可以实现对图像数据的高效处理和分析。通过训练深度学习模型，可以实现对图像数据的分类、目标检测、语义分割等任务，并在实时场景中进行应用。

综上所述，图像数据的实时计算与处理方法是一个复杂而多样的过程，涉及多个技术领域的交叉应用。通过不断优化算法、提高硬件性能、改进存储和访问策略等手段，旨在实现对图像数据的快速处理和分析，满足实时性要求的应用需求，还可以实现对图像数据的快速、准确处理，为各种应用场景提供有力的支持。

# 第4章

# 智能边缘设备技术研究与发展

## 4.1 智能终端设备的特点与优势

智能终端设备在当今社会已经变得越来越普及，它们不仅在日常生活、工作和学习中扮演着重要角色，还在多个行业和领域展现出了强大的应用潜力。智能终端设备是指集成了计算、通信、感知、控制等功能的智能化终端设备，如智能手机、智能手表、智能音箱、智能家居设备等。

智能终端设备具有智能化、互联互通、便携性、多功能、个性化、实时性、智能交互和可扩展性等特点与优势，已经成为人们日常生活和工作中不可或缺的重要工具和载体。

### 1. 设备具备的特点

强大的数据处理能力：智能终端设备通常配备了高性能的处理器和先进的操作系统，能快速处理各种复杂的数据和任务，如视频播放、游戏运行、图像处理等。这使得智能终端设备能够轻松应对各种高负载任务，提升用户的使用体验。

多样化的应用：智能终端设备的应用程序非常丰富，涵盖了社交、办公、娱乐、教育等多个领域。用户可以根据自己的需求下载和使用各种应用程序，使智能终端设备成为自己工作生活的得力助手。

灵活的通信方式：智能终端设备利用移动和联通遍布全国的 GSM 网络，通过短信方式进行数据传输，实现远程报警、遥控、遥测三大功能。GSM 短信息具有灵活方便的特点，可以跨市、跨省，甚至跨国传送，且成本相对较低。

### 2. 设备具备的优势

提高工作效率：智能终端设备具备强大的数据处理能力和多样化的应用，使得用户能够更高效地完成任务。例如，在办公领域，智能终端设备可以帮助员工快速处理文档、发送邮件、参加视频会议等，以此来提高工作效率。

改善生活品质：智能终端设备的应用不仅限于工作和学习，还深入人们的日常生活中。通过智能终端设备，用户可以方便地购物、支付账单、查看天气、预订旅行等，使生活变得更加便捷和舒适。

促进信息传播与获取：智能终端设备在信息传播方面具有天然优势。用户可以通过智能终端设备随时随地获取新闻、资讯、知识等信息，也可以将自己的想法和观点分享给其他人。这有助于促进信息的传播和交流，推动社会进步。

此外，智能终端设备还在多个行业和领域展现出了强大的应用潜力。例如，在商业综合体中，智能终端设备可以协助顾客实时锁定目的地位置和前进路线；在文体艺术场馆中，智能终端设备可以帮助参观者快速找到自己心仪的产品或服务；在医疗机构中，智能终端设备可以作为无接触的导视标识，规避与患者接触的潜在风险。

智能终端设备具有强大的数据处理能力、多样化的应用以及灵活的通信方式等特点，这些特点使得智能终端设备在提高工作效率、改善生活品质以及促进信息传播与获取等方面具有显著优势。同时，随着技术的不断创新和进步，智能终端设备将在更多领域展现出其强大的应用潜力和价值。

## 4.2 边缘计算与云计算的融合策略

边缘计算与云计算的融合策略需要从多个方面进行综合考虑和实施。通过明确目标、协同处理数据、动态分配任务、统一管理与调度、保障安全与隐私以及持续优化与升级等措施，可以实现两者的优势互补，提升整体计算效率和服务质量。边缘计算与云计算的融合策略，旨在实现两者的优势互补，提升整体计算效率和服务质量。

1. 明确融合目标与场景

首先，需要明确边缘计算与云计算融合的目标和适用场景。这包括提升数据处理速度、降低网络延迟、增强安全性与隐私保护等。同时，要识别出哪些应用场景更适合采用边缘计算，哪些更适合云计算，以及哪些场景需要两者的协同工作。

2. 数据协同处理策略

在数据处理方面，边缘计算与云计算的融合策略应注重数据的协同处理。边缘设备可以先行处理实时数据，将结果或关键信息上传至云端进行进一步的分析和存储。这种策略能够减少数据传输的延迟和带宽消耗，同时减轻云端的计算压力。

### 3. 任务动态分配策略

针对计算任务，可以采用动态分配的策略。根据任务的性质、实时性要求以及资源情况，将部分计算任务从云端卸载到边缘设备进行处理，或将边缘设备无法处理的任务上传至云端。这种策略能够灵活应对各种场景，提高计算效率和资源利用率。

### 4. 统一管理与调度

为实现边缘计算与云计算的无缝衔接，需要建立统一的管理与调度机制。这包括对边缘设备和云资源的统一监控、管理和调度，确保两者之间的协同工作。同时，还需要制定统一的数据交换格式和通信协议，实现信息的无缝传输。

### 5. 安全保障与隐私保护

在融合过程中，安全保障和隐私保护至关重要。需要采用先进的加密技术、访问控制机制以及安全审查手段，确保数据在传输和存储过程中的安全性。同时，还需要关注隐私保护问题，确保用户数据不被滥用或泄露。

### 6. 持续优化与升级

随着技术的不断发展和应用场景的变化，边缘计算与云计算的融合策略也需要持续优化和升级。这包括对硬件设备的升级、软件系统的更新以及算法的改进等。通过持续优化和升级，可以不断提升融合策略的性能和效果，满足不断变化的业务需求。

## 4.3　算法轻量化技术概述

算法轻量化技术指通过优化算法和数据结构，移除不必要的功能和模块，以及采用特定的轻量化处理方法，实现计算效率和资源消耗的优化。通过优化算法和数据结构，减少计算过程中的时间和空间复杂度，以提高计算效率和减少资源消耗。随着人工智能技术的不断发展，算法轻量化技术将在更多领域发挥重要作用，推动各行业的技术进步和应用创新。

算法是计算机程序设计的核心，通过对其进行优化，可以显著提高程序的执行效率。例如，排序算法中的快速排序，通过分治思想将原问题划分为子问题进行递归求解，从而显著降低了排序的时间复杂度，提高了排序效率。此外，使用更高效的哈希表或缓存等数据结构，也能提高系统的性能和响应速度。

在软件或系统设计阶段，移除那些对于特定应用场景或用户需求而言不必要的功能和模块，同样可以减少代码量和资源占用，降低系统的复杂性，从而提高软件运行效率。

在某些特定领域，如海量实景三维数据处理中，算法轻量化技术可以发挥巨大作用。通过简化的处理流程，可以在不改变纹理效果和 Mesh 结构的前提下，实现模型体量的显著减少，从而达到轻量化的目的。这种轻量化处理后的模型，在大范围三维模型数据浏览过程中可以实现秒级加载、极速展示，极大地提升了模型存储、屏端展示和管理应用效率。

值得注意的是，算法轻量化技术的发展趋势是与人工智能技术的融合。例如，多模态模型能够处理视觉信息、文本信息、听觉信息等多元化数据，实现对不同表现形式的信息的融合理解，这是人工智能全面理解真实世界的重要一步。在这个过程中，算法轻量化技术有望发挥更大的作用，为人工智能模型提供更加高效、精确的计算支持。

## 4.4　软件轻量化技术在智能终端设备中的应用

软件轻量化技术在智能终端设备中的应用日益广泛，成为提升用户体验、优化设备性能的重要手段。这种技术的应用不仅体现在软件的启动速度、响应速度、稳定性等方面，还涉及设备存储空间、能耗以及网络环境的优化。

首先，软件轻量化技术可以显著提高软件的启动速度和响应速度。传统的重型软件功能复杂、代码冗余，往往导致启动缓慢、响应滞后，影响了用户体验。而轻量化软件通过精简功能、优化代码，使得软件更加快速、高效。在智能终端设备上，这种快速响应的特点尤为重要，能够满足用户快速操作、即时反馈的需求。

其次，软件轻量化技术有助于提高软件的稳定性。由于轻量化软件的功能相对简单，代码更加简洁，因此出现错误和漏洞的概率相对较低。这有助于减少软件崩溃、死机等问题，提高设备的整体稳定性。在智能终端设备上，稳定性是保障用户流畅使用、减少故障发生的关键因素。

此外，软件轻量化技术还有助于节省设备存储空间。移动设备的存储空间相对有限，而轻量化软件通过精简代码、减少插件和广告等方式，减少了软件在设备上的存储占用。这使得设备能够存储更多的应用和数据，满足了用户日益增长的需求。

同时，软件轻量化技术还能够适配不同性能的设备。不同的智能终端设备在硬件性能上存在差异，轻量化软件可以根据设备的性能进行动态调整，选择合适的模型级别和贴图级别，以达到最佳的显示效果。这不仅保证了软件的流畅运行，还提高了设备的整体性能。

最后，软件轻量化技术还有助于节省能量。在智能终端设备上，节能显得尤为重要，因为用户往往需要在移动环境中长时间使用设备，而其存储的电能往往又是有限的。轻量化软件由于处理的数据量较少，所需的计算资源也相应减少，从而降低了设备的能耗。这有助于延长电池的使用时间，提升设备的续航能力。

# 第 5 章

# 轻量化的边缘计算智能终端研发

## 5.1 轻量化的边缘计算智能终端产品概述

轻量化的边缘计算智能终端旨在解决云、边、端协同问题，提升电网的数据采集、分析和应用能力，实现更加敏锐的"感官"和更加聪明的"大脑"，做到作业现场的潜在风险、已知风险实时识别，快速响应，提前规避。轻量化的边缘计算智能终端产品包括超轻量化智能边缘终端、轻量化智能边缘终端、红外-可见光双光布控球等成套边缘智能终端。同时，结合智能边缘管理系统，可以提升电网的数据采集、分析和应用能力。该系统能够实时响应、快速发现和定位问题，并通过智能决策帮助运维人员提前识别潜在风险，确保电力系统的安全运行。通过集成云、边、端的协同工作，该系统能实现高效、智能的边缘数据管理和综合利用，为电力行业带来了巨大的技术进步和应用潜力。

超轻量化智能边缘终端应用于无人机线路巡检，可以实现实时数据采集分析，即飞即得，实时掌握输电线路异常情况；轻量化智能边缘终端、红外-可见光双光布控球应用于作业现场、变电站固定场所视频监控等场景，可以提升电网的数据采集、分析和应用能力，实现更加敏锐的"感官"和更加聪明的"大脑"，做到作业现场的潜在风险、已知风险实时识别，快速响应，提前规避。

本书采用的轻量化边缘计算智能终端产品是对数据和图像等多信息源的设备赋能的智能边缘计算设备，从软硬件轻量化、高算力、国产芯片、较低功耗、可扩展性、开放性和市场占有率等方面综合考虑，同时能得到芯片厂家的技术支持和配合等优势，最终确定选用国产灵汐科技 KA200，是目前最优方案。

KA200 类脑芯片（见图 5.1）是基于全新的存算一体、众核并行、异构融合架构，能高效支持深度学习神经网络、生物神经网络和大规模脑仿真，单芯片集成 25 万神经元和 2 500 万突触（稠密模式），可扩展支持 200 万神经元和 20 亿突触的集成计算（稀疏模式），支持混合精度计算（48Tops@INT8 和 24Tflops@FP16）。

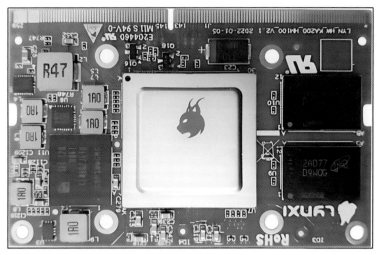

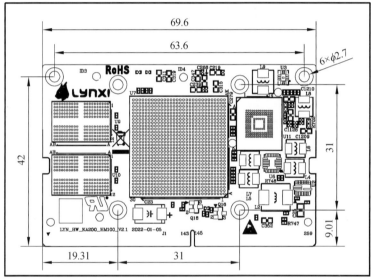

图 5.1　KA200 实物及尺寸

KA200 类脑芯片的优势：

（1）众核并行：支持集成 30 个类脑计算核，各核可独立运行，支持矢量图计算。

（2）存算一体：大规模片上分布式存储，计算存储融合，高带宽，算传并行。

（3）低功耗：12 W 的功耗即可提供 48Tops@INT8 和 24Tflops@FP16 的算力。

（4）算法模型：支持深度学习模型（DNN）、类脑计算模型（SNN）以及二者融合的异构模型，支持任意 SNN 层和 DNN 层的混搭和组网，融合计算机科学的高精度和类脑计算的高能效优点。

（5）控制流与数据流：众核预编译模式，支持数据驱动的众核控制模式和自动化物理映射，支持条件跳转、分支合并、事件触发等流水调度模式。

（6）多层协同：支持不同层次的、可延展的、多粒度的众核协同调度和控制。

本设计所有智能边缘终端核心板都选择国产灵汐 KA200，用于进行视频融合、算法调度、推理的主控，以及红外和可见光的视频流的编解码。控制芯片使用 STM32F103C8T6 作为独立的副主控，控制云台和显示屏等数据采集信息，采集电量剩余、GPS 经纬度坐标、设备连接状态、IP 信息、信号强度等信息。

为了进一步解决边缘数据的传输和计算、提高边缘数据感知与风险识别，同时做到实时发现与响应，选取了无人机巡检、变电站固定场所视频监控、作业现场视频监控三大场景为切入点，以智能边缘设备为载体，借此提高边缘终端数据的感知力，做到风险提前识别与发现。为更好地满足三大场景智能边缘设备应用需求，尤其是无人机巡检场景，亟须研究更加轻量化的边缘智能终端设备应用于以上三大场景。从软硬件角度出发：一方面，在硬件方面研究更加轻量化的边缘计算智能终端设备满足三大应用场景；另一方面，在软件方面研究通过轻量化 AI 算法减少算力限制，从而减轻边缘计算智能终端设备，再研究结合边缘设备管理平台管理边缘计算智能终端设备和 AI 算法，然后通过边缘应用程序串联边缘计算智能终端设备和边缘设备管理平台、AI 算法，将边缘计算智能终端设备通过 AI 算法识别的作业风险展示到边缘应用程序上，通过边缘应用程序以更好的用户体验方式展示给边端作业人员。

边缘智能终端解决了云、边、端协同问题，同时对于海量的边缘数据能做到快速响应、实时发现与定位问题。在此基础上，为了将现场作业智能边缘终端的应用推广到无人机巡检和变电站视频监控，还需提高作业人员的使用体验，减少操作负担，需要更加轻量化的边缘计算智能终端设备。因此，需降低能耗、降低对硬件平台性能指标的要求、降低与云端的通信需求等。但实质上，轻量化的内核却是在"做加法"。产业需求决定了要完成的 AI 任务越来越复杂，轻量化人工智能必须通过加速运算效率、提高计算密度才能实现极致的效率。

结合研究成果基于复杂的无人机巡检、作业现场、变电站固定场所视频监控三大 AI 应用场景，需要将轻量化边缘计算智能设备、轻量化 AI 算法和边缘管理与应用程序充分结合以联合加速、联合轻量化，实现软件和硬件协同轻量化的目标。

超轻量化智能终端：以软硬件协同为基础的无人机小脑，具备异常采集、识别、下发等功能。同时，通过电磁屏蔽外壳、尾部扰流板、散热鳍等功能确保无人机小脑稳定运行。在作业巡检现场，无人机小脑在识别完数据后将数据回传至智能小站进行展示并存储，作业完成后由智能小站连接内网将数据进行回传。最终实现线路异常"第一时间发现、第一时间下发、第一时间处置、第一时间解决"。超轻量化智能终端应用原理如图 5.2 所示。

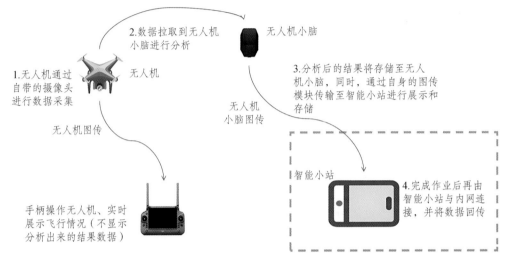

图 5.2　超轻量化智能终端应用原理

轻量化智能终端：通过智能小站自组网络将轻量化智能终端和需要连接的摄像头、移动执法仪进行连接；轻量化智能终端连接某个设备获取视频流信息进行识别分析；轻量化智能终端将分析的结果回传至智能小站进行展示和存储；针对存在异常的情况，可以直接由智能小站控制摄像头进行"喊话预警"等操作。轻量化智能终端应用原理如图5.3 所示。

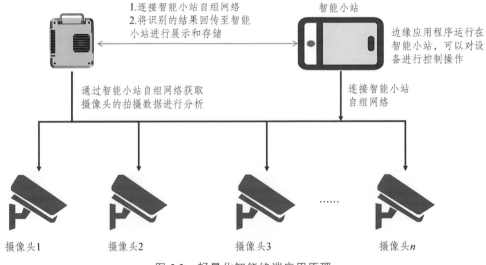

图 5.3　轻量化智能终端应用原理

红外-可见光双光摄像头：集"可见光＋红外光＋算法＋算力"于一体的红外-可见光多源图像融合远程安全管控设备，应用于作业现场视频监控。加强对作业现场的远程安全管控，进行智能识别和预警提醒，可以有效减少因为现场作业管控不到位、人员误操作等行为导致的停电、人身安全事故的发生。红外-可见光双光摄像头应用原理如图 5.4 所示。

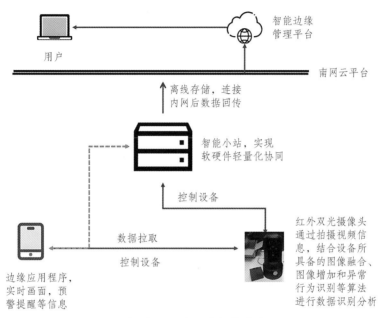

图 5.4　红外-可见光双光摄像头应用原理

## 5.2　轻量化的边缘计算智能终端关键技术

### 1. 超轻量化智能边缘终端

实时数据采集与传输：设备需要具备高效的数据采集和传输能力，确保在无人机线路巡检过程中能够即时获取相关数据。

轻量化设计：在确保性能的同时，实现硬件的超轻量化，以适应无人机的携带能力和飞行稳定性。

通信技术：使用可靠的通信技术确保与地面控制站或其他装置的连接。这些技术需要确保数据传输的安全性和实时性。

### 2. 轻量化智能边缘终端

多模态数据处理：终端应能同时处理多种数据类型，包括图像、视频和传感器数据，确保全面的监测和分析能力。

低功耗设计：为了延长终端的使用寿命，需要采用低功耗设计，使设备在长时间巡检过程中能够持续运行。

### 3. 红外-可见光双光布控球

多光谱图像融合：能够同时获取红外和可见光图像，并实现有效的融合，提高对目标的识别和定位准确性。

智能布控算法：利用先进的算法对红外-可见光图像进行实时分析，识别异常情况，保障电力设施的安全。

实时视频流处理：能够实时处理摄像头采集的视频流，提供实时监控和录制功能。

### 4. 云、边、端协同技术

分布式计算架构：设备之间实现协同工作，通过分布式计算架构实现云、边、端的协同处理，提高数据处理效率。

通信协议优化：针对边缘设备特点优化通信协议，降低延迟，提高数据传输效率。

用户界面：用户界面可以是桌面应用程序、Web应用程序或移动应用程序，具有直观的控制选项和数据监测功能。这使操作员能够轻松设定任务和跟踪装置的状态。

### 5. 实时风险识别与响应算法

机器学习与深度学习：利用先进的机器学习和深度学习算法，对边缘数据进行实时分析，识别潜在风险并进行快速响应。

数据处理和机器学习：数据处理与决策模块使用机器学习算法，如卷积神经网络（CNN）和循环神经网络（RNN），以识别目标、障碍物或环境变化。这些算法需要训练和优化，以适应各种场景。

## 5.3 超轻量化边缘计算智能终端硬件设计

超轻量化智能边缘终端是系统的核心组件之一，主要应用于无人机线路巡检。它具备超轻量化、高效能的特点，能够实时采集线路数据并进行分析。无人机进行巡检时，超轻量化智能边缘终端能够即时获取并分析巡检数据，帮助操作人员实时掌握输电线路的异常情况，提前发现潜在风险，并采取相应的措施进行处理。超轻量化智能边缘终端设计图及效果图如图5.5 ~ 图5.16所示。

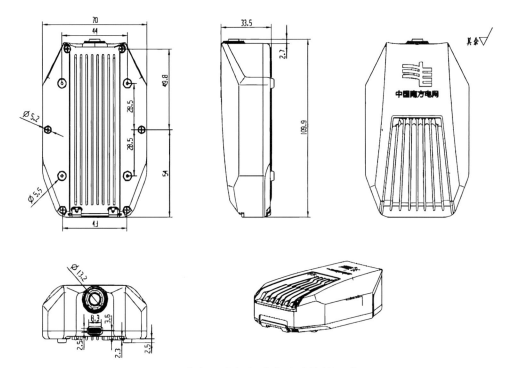

图 5.5 超轻量化智能边缘终端整体设计图

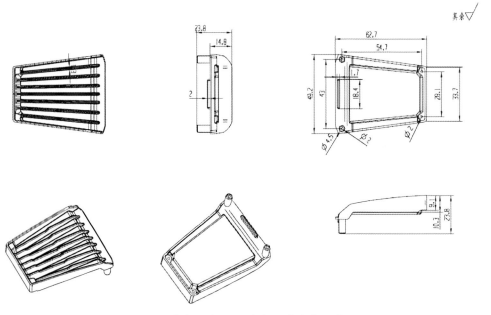

图 5.6 超轻量化智能边缘终端外壳设计图

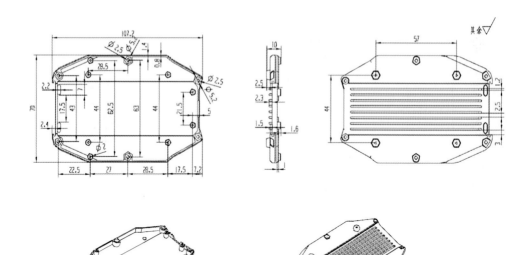

图 5.7 超轻量化智能边缘终端内部设计图（一）

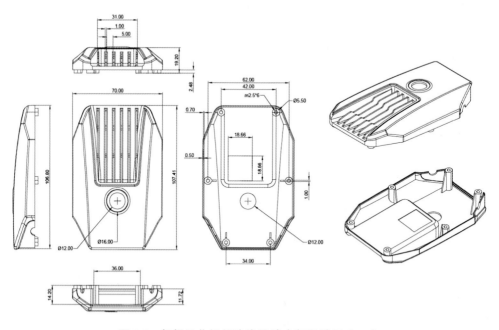

图 5.8 超轻量化智能边缘终端内部设计图（二）

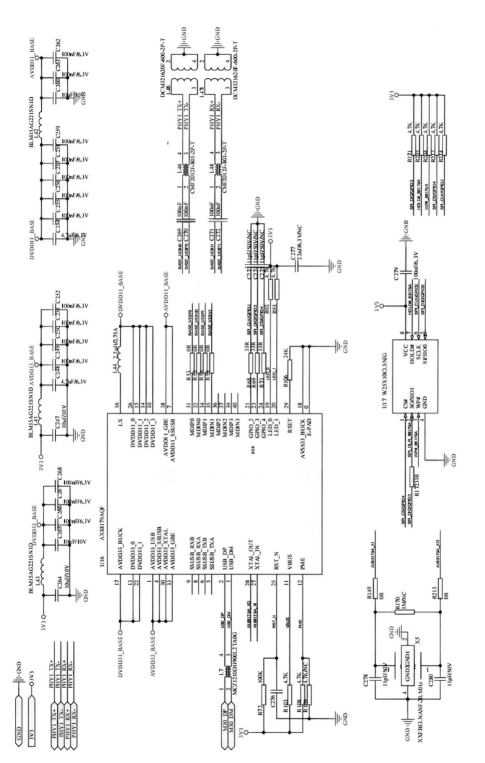

图 5.9 超轻量化智能边缘终端电路图（一）

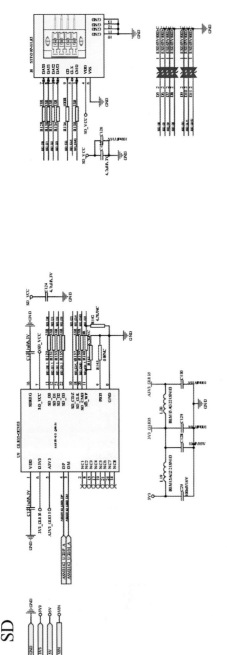

SD

M30_TYPE C

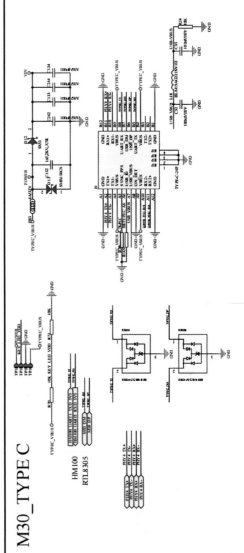

HM100
RTL8305

图 5.10　超轻量化智能边缘终端电路图（二）

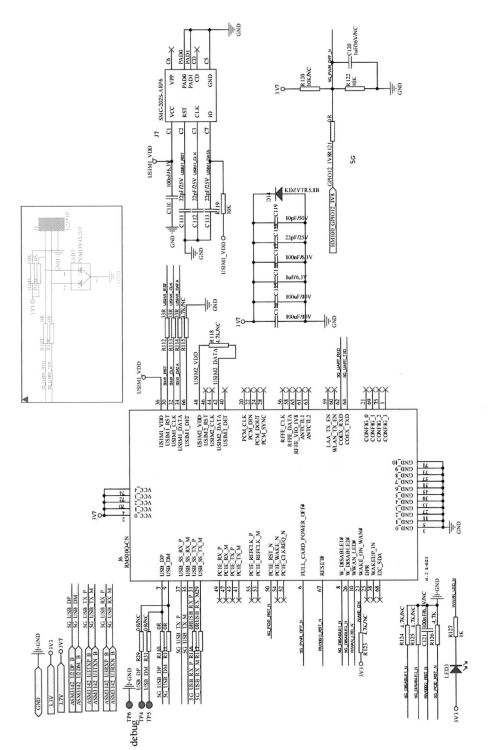

图 5.11　超轻量化智能边缘终端电路图（三）

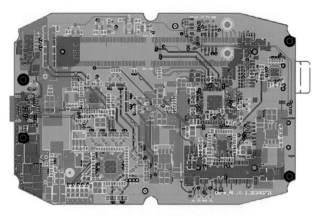

图 5.12　超轻量化智能边缘终端 PCB 图（一）

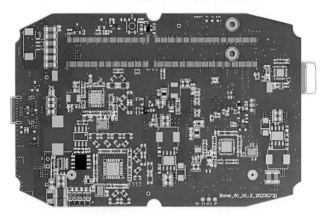

图 5.13　超轻量化智能边缘终端 PCB 图（二）

图 5.14　超轻量化智能边缘终端效果图

图 5.15　超轻量化智能边缘终端应用效果图（一）

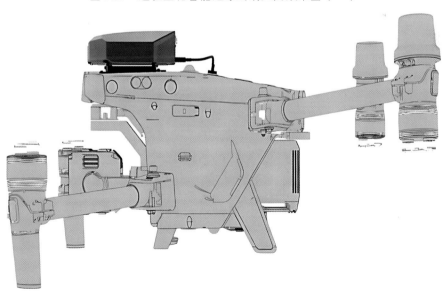

图 5.16　超轻量化智能边缘终端应用效果图（二）

## 5.4 轻量化智能边缘终端硬件设计

轻量化智能边缘终端、红外-可见光双光布控球主要应用于作业现场和变电站固定场所视频监控等场景。它们共同提升电网的数据采集、分析和应用能力，使电网具备更加敏锐的感知和更加智能的决策能力。通过实时监测作业现场和变电站，这些智能终端能够识别潜在风险和已知风险并快速响应，提前规避可能发生的问题，确保电网的安全运行。轻量化智能边缘终端设计图及效果图如图 5.17~5.20 所示。

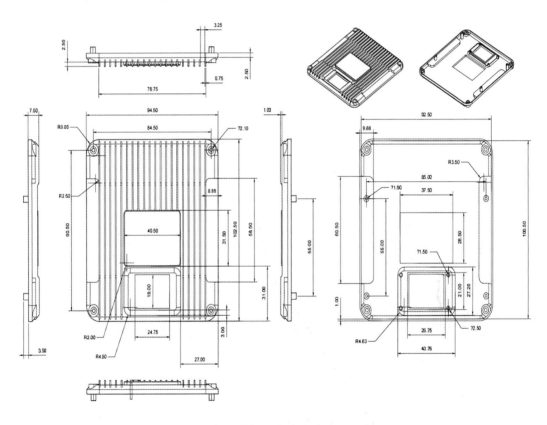

图 5.17　轻量化智能边缘终端外观设计图

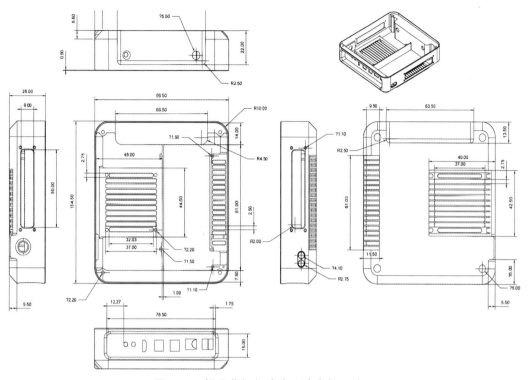

图 5.18　轻量化智能边缘终端内部设计图

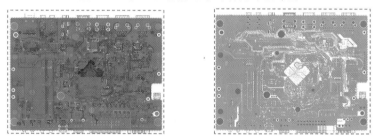

图 5.19　轻量化智能边缘终端 PCB 图

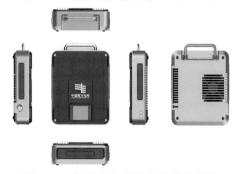

图 5.20　轻量化智能边缘终端效果图

## 5.5 红外-可见光双光布控球硬件设计

红外-可见光双光布控球同样应用于作业现场和变电站固定场所视频监控等场景。它们共同提升电网的数据采集、分析和应用能力，使电网具备更加敏锐的感知和更加智能的决策能力。通过实时监测作业现场和变电站，这些智能终端能够识别潜在风险和已知风险并快速响应，提前规避可能发生的问题，确保电网的安全运行。红外-可见光双光布控球设计图及效果图如图 5.21 ~ 图 5.26 所示。

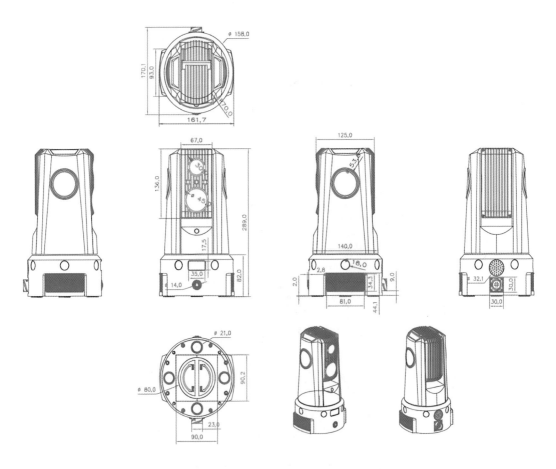

图 5.21　红外-可见光双光布控球尺寸图

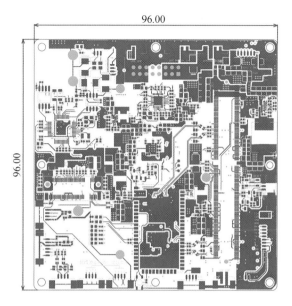

图 5.22　红外-可见光双光布控球 PCB 图（一）

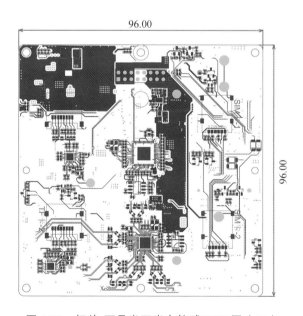

图 5.23　红外-可见光双光布控球 PCB 图（二）

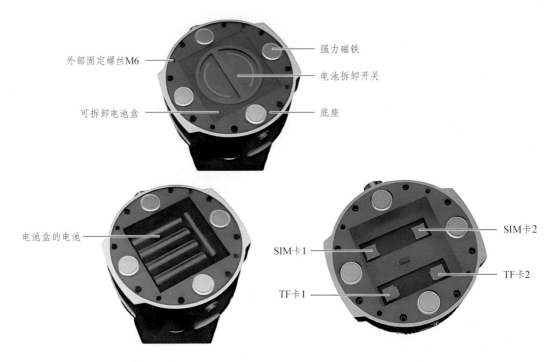

外部固定螺丝M6 —————————— 强力磁铁

—————————— 电池拆卸开关

可拆卸电池盒 —————————— 底座

电池盒的电池 ——————

SIM卡1 ———————— SIM卡2

TF卡1 ———————— TF卡2

图 5.24 红外-可见光双光布控球效果图（一）

图 5.25 红外-可见光双光布控球效果图（二）

图 5.26 红外-可见光双光布控球效果图（三）

# 第 6 章

# 视觉场景下的轻量化深度学习模型

## 6.1　轻量化算法优势与应用前景

输电线路的稳定运行对于电网安全至关重要。由于输电线路经常暴露在室外环境中，容易遭受如天气变化、物理损坏或人为破坏等而受损。如果这些问题不能及时发现和处理，可能会导致输电线路的故障，进而引发电力事故，造成电网的瘫痪。

传统的人工巡检方式存在着效率低下、漏检率高等问题，很难及时发现线路上的异常情况。随着智能技术的快速发展，如无人机巡检、智能传感器监测等，智能化巡检已经成为当前的研究热点。这些技术能够利用先进的传感器和监测设备，实现对输电线路的实时监测和检测，及时发现线路上的故障隐患，提前预警并采取措施，从而保障电网的安全、稳定运行。

对于输电线路缺陷检测而言，目前的挑战主要集中在目标检测模型的参数量大、运算量高、环境复杂性等方面。传统的目标检测模型难以在资源有限的移动设备上部署，并且输电线路常处于户外复杂环境中，使得检测过程受到天气、光照等因素的影响，这增加了实时检测的难度。因此，将目标检测模型轻量化，并提高无人机等移动端设备的检测精度，解决复杂背景下特征提取问题对于输电线路外部缺陷的检测尤为重要。

## 6.2　轻量化改造技术路线

本研究提出改进的 YOLO v5 目标检测算法，可以对电力使用场景的多个目标场景进行检测，加快对目标的检测速度，减少计算量，减少对硬件的资源消耗。有限的硬件资源，特别是在边缘设备上，使得研究必须对传统的 YOLO v5 模型进行轻量化改进。

（1）架构优化：对模型的架构进行优化，可以有效减少模型的计算量且不显著损失精度。例如，可以适当减少卷积层的深度和宽度，也可以适度减少全连接层的神经元数量。降低模型的复杂度，也可以实现模型的轻量化。

（2）算法层面的优化：以 SE 注意力机制模块和 GSconv 为例，在网络架构中引入 SE 模块，使得网络对于重要特征的提取更有针对性，且 SE 模块计算代价低，模型效率高。GSConv 可以有效地替代传统的卷积运算，进一步降低模型的计算量。

经过上述优化，模型轻量化的目标就可以实现，且在满足计算效率的同时，也要尽可能保持模型的准确性，以满足边缘设备的实时检测需求。

改进的 YOLO v5 目标检测算法技术路线如图 6.1 所示。

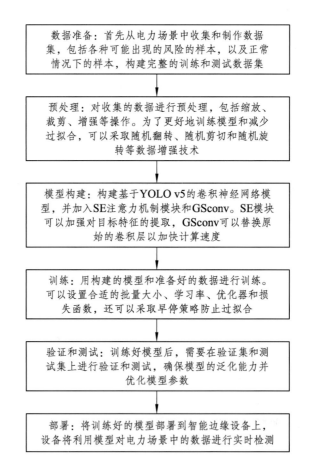

图 6.1　技术路线

## 6.3 现有深度学习模型介绍

### 1. MobileNet

MobileNet 是谷歌提出的一种视觉范畴的轻量化深度学习模型。它通过采用深度可分离卷积（Depthwise Separable Convolution）来代替传统的卷积，有效地减少了模型的复杂度和参数量。深度可分离卷积将一个典型的卷积过程分解为两个较小的卷积过程：一个是对输入数据的每个通道进行卷积，另一个是通过 1×1 的卷积核来混合通道之间的信息。这个结构可以使模型在降低计算复杂度的同时，仍能保持较好的性能。

### 2. SqueezeNet

SqueezeNet 是一种设计精巧的轻量级深度学习网络，它的特点是采用了一个名为"Fire"的模块。这个模块通过"挤压卷积层"（即 1×1 卷积层）来减小输入数据的维度，然后再通过"膨胀卷积层"（即 1×1 和 3×3 卷积层）扩张特征图。此外，SqueezeNet 在全连接层中采用了全局平均池化，避免了大量参数的使用。这些设计使得 SqueezeNet 能保证与 AlexNet 相近的精度，但参数数量却只有 AlexNet 的 1%。

### 3. ShuffleNet

ShuffleNet 是 Face++提出的一种轻量级深度网络。它通过采用分组卷积和通道重排技术，有效降低了模型的运算量。ShuffleNet 的设计理念在于，在保证精度的前提下尽可能降低计算复杂度。它通过降低通道数目以减少运算量，通过通道重排避免了分组卷积带来的信息流通阻塞问题，使得模型能够在边缘设备等计算资源受限制的环境下运行。

### 4. EfficientNet

源于谷歌的 EfficientNet 是一种自动搜索得到的网络结构，和其他轻量化模型不同的是，它通过均衡网络的深度（depth）、宽度（width）以及输入的解析度（resolution），配合自适应的复合系数，找到一个设计更为高效的网络。实际应用表明，EfficientNet 能够在相同计算量下获得更高的准确率，提升了模型的性能。

这四种模型都表明轻量级深度学习网络结构通过精巧的设计，可以在维持模型对于视觉识别任务性能较好的情况下极大降低模型参数数量，使得深度学习模型在计算资源有限的移动设备或边缘设备上运行成为可能，这无疑增强了深度学习模型的实用性。

## 6.4 技术架构

改进的 YOLO v5 目标检测算法的技术架构如图 6.2 所示。

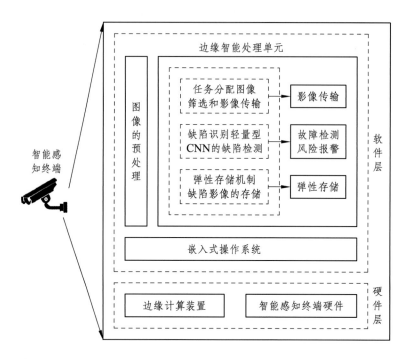

图 6.2 技术架构

## 6.5 改进 YOLO v5 算法模型

YOLO（You Only Look Once）系列算法是一种实时目标检测算法，由 Joseph Redmon 和 Alexey Bochkovskiy 等人提出。于 2015 年发布第一版 YOLO v1，其后陆续出现 v2、v3、v4、v5 等版本。通过对现有几种目标检测算法的分析与研究，综合考虑检测速度和检测精度的要求，选取 YOLO v5 作为基础网络，如图 6.3 所示。

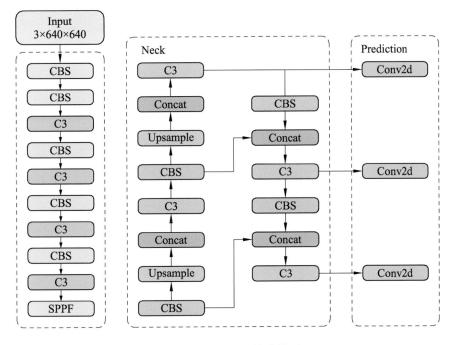

图 6.3　YOLO v5 算法模型

在图片输入阶段，YOLO v5 采用了与 YOLO v4 相同的 Mosaic 数据增强方法。该方法将 4 张图片随机缩放、随机裁剪、随机排布拼接在一起，在丰富了数据集的同时减少了 GPU 所需的算力，提高了网络的鲁棒性。在网络训练过程中，针对不同的数据集，会有不同的初始锚框。网络根据这些锚框输出预测框，然后与真实框相比较，计算两者之间的差值，再反向更新，迭代网络参数。为了应对不同尺寸的输入图片，通常在将图片送入网络之前会进行图片缩放操作。一般的目标检测算法只能将图片缩放到固定尺寸，但这种方式会存在更多的信息冗余，影响推理速度。YOLO v5 采用自适应图片缩放的方式，即对原始图像自适应添加最少的黑边，从而提高了推理速度。

YOLO v5 设计了两种 CSP（Cross Stage Partial）结构，分别位于 Backbone 和 Neck 中。CSP 模块的主要思想是将输入特征图分为两个部分，一部分进行卷积处理，另一部分保持原始状态，然后将这两部分按通道进行连接。这样可以减轻卷积层对信息的破坏，并丰富特征表示能力。

Neck 部分采用 PANet（Path Aggregation Network）结构，在 FPN（Feature Pyramid Network）基础上进行改进，引入了自顶向下和自底向上的路径聚合机制，如图 6.4 所示。自顶向下的路径通过上采样操作将较高层的特征向下传递，以便与较低层的特征进行融合；自底向上的路径通过横向链接将低层特征与高层特征进行融合，极大增强了其表示能力。

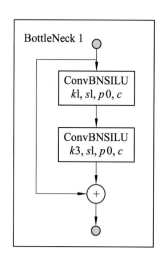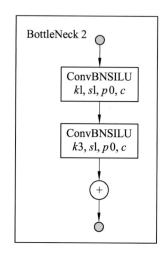

图 6.4  Neck 部分

Prediction 阶段采用 CIoU（Complete Intersection over Union）作为损失函数，用于计算预测框与真实框之间的差距，如图 6.5 所示。使用加权 NMS（Non-Maximum Suppression）非极大抑制优化检测框，使得被遮挡目标也可被检出，进一步提升网络的检测精度。最终输出图片尺寸为 $80 \times 80 \times 256$、$40 \times 40 \times 512$、$20 \times 20 \times 1\,024$。

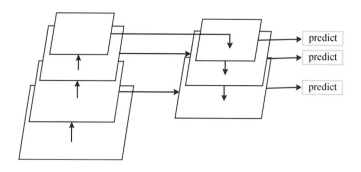

图 6.5  Prediction 阶段

### 6.5.1  YOLO v5-EfficientViT 网络

将 YOLO v5 的主干网络改进为 EfficientViT 网络。EfficientViT 网络采用了一种新的轻量级多尺度注意力模块，能够实现全局感受野和多尺度学习。虽然最初用于语义分割，但由于其在视觉特征提取方面的优异性能，在目标检测领域也展现出了强大的性能。

EfficientViT 主干网络的结构如图 6.6 所示，主要由 Input Stem 和 4 个阶段构成。Input Stem 主要负责特征抽取，在 Stage3 和 Stage4 中引入 EfficientViT Module 模块，该模块采用了轻量级多尺度注意力（multi-scale attention，MSA）。P2、P3 和 P4 分别表示 Stage2、Stage3 和 Stage4 的输出，形成特征图金字塔。同时，这 3 个阶段的特征也被送入 Head 层进行目标预测。

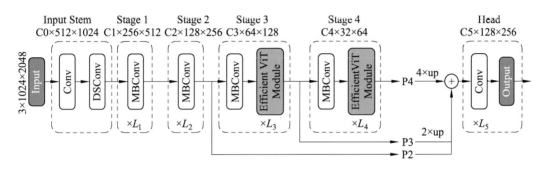

图 6.6　EfficientViT 主干网络结构

EfficientViT Module 部分包括轻量级 MSA 模块和 MBConv 模块，其结构如图 6.7 示。轻量级 MSA 主要用于提取上下文信息，而 MBConv 模块则主要用于提取局部信息。MSA 模块通过基于 ReLU 的注意力机制实现全局感受野，能够在移动设备上实现更好的性能表现，同时平衡了性能和效率两个方面。通过使用 EfficientViT 网络替代 YOLO v5 的主干网络，可以降低模型的参数量和计算量，从而使得模型在硬件资源有限的边缘设备上部署时也能够具备良好的性能表现。

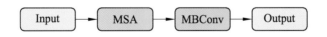

图 6.7　EfficientViT Module 部分

## 6.5.2　YOLO v5-SE 模块

SE 注意力模块是通过提高其感受野来增强在空间和通道上的融合能力，SE 模块能自动学习各个通道间的重要程度，如图 6.8 所示。

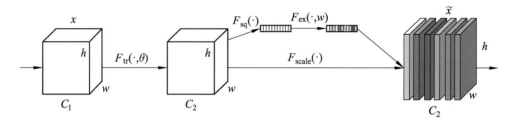

图 6.8 Squeeze-and-Excitation 模块

SE 模块先将二维的特征通道压缩为一个像素，此像素拥有全局的感受野和全局特征，如式（6.1）所示。

$$z_c = F_{sq}(u_c) = \frac{1}{H \times W} \sum_{i=1}^{H} \sum_{j=1}^{W} u_c(i,j) \tag{6.1}$$

式中　　$z_c$——压缩后的输出结果；

　　　　$H$，$W$——压缩特征图的高和宽；

　　　　$c$——通道；

　　　　$i$，$j$——第 $c$ 通道中第 $i$ 行和 $j$ 列的像素值；

　　　　$F_{sq}(u_c)$——将 $H \times W \times c$ 特征图压缩为 $1 \times 1$ 的像素大小，$c$ 通道的特征。

完成对通道的压缩后，就将全局特征进行激活操作。操作的公式见式（6.2）。

$$s = F_{ex}(z,W) = \sigma[W_2 \delta[W_1 z]] \tag{6.2}$$

式中　　$\sigma$——sigmoid 操作，为了降低计算量及模型的复杂程度，进行 $W_1$、$W_2$ 全连接操作，达到降维的效果；

　　　　$z$——压缩后的输出结果；

　　　　$\delta$——Relu 激活函数，使得特征图恢复原来的维度。

Sigmoid 操作对激活过后的通道进行权重赋予工作，最后得出结果 $s$，然后将 $s$ 赋予不同的通道。其公式见式（6.3）。

$$F_{scale} = (u_c, s_c) = s_c \times u_c \tag{6.3}$$

式中　　$u_c$——第 $c$ 通道的特征；

　　　　$s_c$——步长 $s$ 中第 $c$ 个权重。

经过压缩和激活操作，主要是使得模型对各个通道的特征赋予不同的权重，能够针对更加感兴趣的通道进行操作。

为了使其目标特征更加明显，本研究在 YOLO v5s 的 Backbone 上引入 SE 模块，其骨干网络如图 6.9 所示。

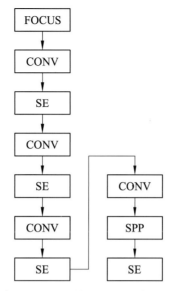

图 6.9 在 YOLO v5s 的 backbone 上引入 SE 模块

### 6.5.3 YOLO v5-GSconv

GhostConv（GhostModule）作为 GhostNet 的核心，被称为幻影模块。该模块将普通的卷积操作分为两步：首先对输入特征进行卷积处理，得到通道数较少的特征图；然后使用 Cheap Operation 对第一步生成的特征图进行操作，以生成通道数较多的特征层。最后，将两步生成的特征图合并，得到与原始普通卷积相同尺寸的特征图。GhostModule 的结构如图 6.10 所示。

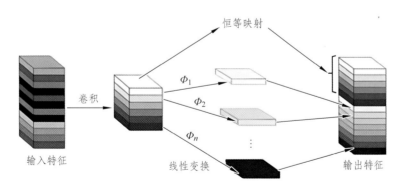

图 6.10 GhostModule 的结构

GhostModule 的参数数量和计算量优于普通卷积。假设输入特征图大小为 $c$（通道）× $h$（高）× $w$（宽），经过一次卷积输出特征图大小为 $n \times h' \times w'$，常规卷积核大小为 $k \times k$，线性操作卷积核大小为 $d \times d$，通过 $s$ 次变换，普通卷积的计算量与 Ghost 模块的计算量之比为

$$r_s = \frac{n \cdot h' \cdot w' \cdot c \cdot k \cdot k}{\frac{n}{s} \cdot h' \cdot w' \cdot c \cdot k \cdot k + (s-1)\frac{n}{s} \cdot h' \cdot w' \cdot d \cdot d} = \frac{c \cdot k \cdot k}{\frac{1}{s} \cdot c \cdot k \cdot k + \frac{s-1}{s} \cdot d \cdot d} \tag{6.4}$$

$n/s$ 是第一步卷积时的输出通道数，其中 $s-1$ 表示恒等映射不需要计算，但它也是第二次变换中的一部分。通常情况下，$s$ 应该小于输入通道数 $c$。如果取 $d=k$，则有

$$r_s = \frac{s \cdot c}{s + c - 1} \approx s$$

$$r_c = \frac{n \cdot c \cdot k \cdot k}{\frac{n}{s} \cdot c \cdot k \cdot k + (s-1) \cdot \frac{n}{s} \cdot d \cdot d} \approx \frac{s \cdot c}{s + c - 1} \approx s \tag{6.5}$$

与普通卷积相比，Ghost 模块能够有效地节省计算量，通过降低卷积核的个数，并以较低的计算量获取更多的冗余信息。最终，我们选择将 GhostConv 与普通卷积结合，来替换模型中的 C3 模块。C3 模块的上采样操作使得低级特征图与高级特征图融合，以获取丰富的特征信息，而 GhostConv 第二步的 Cheap Operation 仍然可以获得更多不同特征层的丰富信息，并与 CBS 卷积结合，从而获取更多的图像信息。与 C3 模块的卷积相比，Cheap Operation 以更少的计算代价保持冗余，提取到更丰富的信息，获得更全面的目标信息，从而提升 YOLO v5 全局模型的检测精度，降低计算成本，加快模型检测速度。

### 6.5.4　模型轻量化和模型适配

灵汐 HM100 可以提供 48TOPS@INT8、24TFLOPS@FP16 的强大算力和 8 G 大容量内存，最大功耗为 15 W；内置高速图像预处理单元，为视频、图像、语音应用开发提供高效易用的前后处理模块，提升整体应用能力。为保证在灵汐开发板上的效率，对 YOLO v5 进行轻量化处理。

### 6.5.5　结构修改

YOLO v5 中的 Focus 结构，它的输入通道（c1）是 3，对应输入图像的 3 个通道。输出通道（c2）与上一层卷积层的输出通道数相同，在 YOLO v5s 中为 32。Focus 层首先将输入图像进行切片操作，将其分成 4 组，每组都是 3 个通道，因此总共有 12 个通

道。然后，这 12 个通道分别通过一个 3×3 的卷积层进行处理如图 6.11 所示。因此，Focus 结构可以总结为：将 YOLO v5 的 Focus 结构，替换为常规的卷积操作。首先，取消 Focus 结构可以简化模型结构，降低了实现和理解的复杂度，使得整体架构更加清晰易懂。此外，Focus 结构需要对输入图像进行切片操作，然后分别进行卷积处理，这增加了计算负载。而采用常规的卷积操作可以减少这一额外的计算复杂度，提高了模型的推理速度。

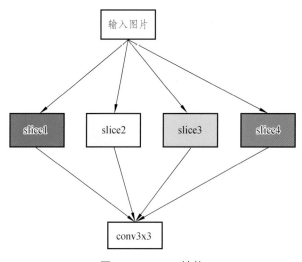

图 6.11　Focus 结构

由图 6.12 可以看出 Focus 模块在 backward 后向推理的时候，其消耗时间为 1.377 ms，而卷积模块为 0.984 5 ms，并且在模型结构越深的情况下，其消耗时间更长。

```
YOLOv5 🚀 v5.0-449-g9ef9494 torch 1.9.0 CUDA:0 (Tesla V100-SXM2-16GB, 16160.5MB)
    Params  GFLOPs  GPU_mem (GB)  forward (ms) backward (ms)                  input
      7040   1.442        0.581        0.4828        1.377          (1, 3, 640, 640)
      7040   1.442        0.161        0.4387        0.9845         (1, 3, 640, 640)
      7040   1.442        0.161        0.4806        1.407          (1, 3, 640, 640)
      7040   1.442        0.161        0.4376        0.9555         (1, 3, 640, 640)



YOLOv5 🚀 v5.0-449-g9ef9494 torch 1.9.0 CUDA:0 (Tesla V100-SXM2-16GB, 16160.5MB)
    Params  GFLOPs  GPU_mem (GB)  forward (ms) backward (ms)                  input
      7040  23.07         2.259         4.497        16.88        (16, 3, 640, 640)
      7040  23.07         1.839         4.107        12           (16, 3, 640, 640)
      7040  23.07         1.919         4.444        16.63        (16, 3, 640, 640)
      7040  23.07         1.839         4.113        11.98        (16, 3, 640, 640)
```

图 6.12　Focus 模块耗时

此外，取消 Focus 结构有助于保持模型内部的一致性，使得不同部分之间的差异性降低，有利于模型的训练和优化。最重要的是，这种改变可能会带来一定程度的性能提升。通过使用常规的卷积操作，模型能够更有效地提取特征和进行目标检测，从而在特定的数据集和任务上取得更好的表现。因此，取消 Focus 结构并改用常规的卷积操作，是为了简化模型、提高推理速度、保持一致性，并有望带来一定程度的性能提升。这一决策使得 YOLO v5 在模型设计和性能优化方面取得了进一步的改进，为目标检测任务提供了更加可靠和高效的解决方案。为规避灵汐开发板不支持的算子，在导出 ONNX 的时候，进行输出结构修改。灵汐开发板 AI 加速卡不支持 Slice 之类的算子，或者 YOLO v5 box decoding 这样的小算子，其效率不高，需要用一个融合算子替换，或放 CPU 上执行。因此对输出结构进行修改，以减少计算量和参数量，提高推理的帧率。如图 6.13 所示的 Slice 结构，替代为 Reshape。

Reshape 操作通常比 Slice 操作计算量更小，因为它只涉及数据的形状变换，而不需要在内存中进行数据的拷贝和重新排列。这样可以减少在 AI 加速卡上执行的计算量，提高推理的效率和帧率；也能够减少模型的参数量，这是因为它不需要额外的参数来指定切片的位置和大小，而是直接通过变换数据形状来实现相同的功能。

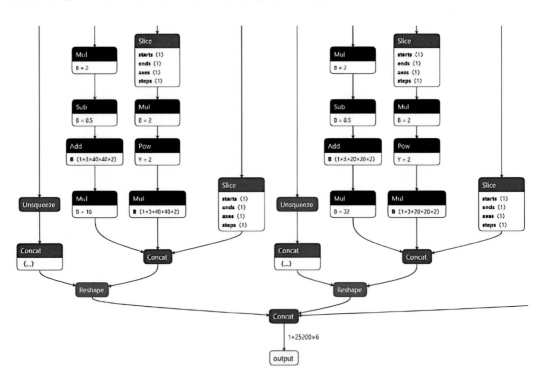

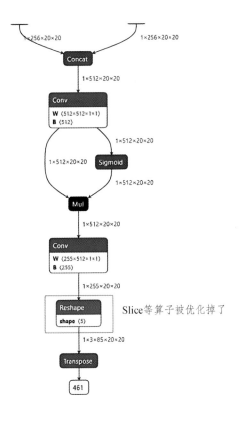

图 6.13　Slice 结构

在导出 ONNX 模型时使用简化版本。简化版本可以减小模型文件的大小，这对于存储和传输模型是至关重要的，尤其是在嵌入式设备和网络传输等资源受限的环境中；并且可以减少模型中不必要的计算节点和参数，从而提高模型的推理速度和效率。通过去除冗余的节点和参数，简化版本可以加速模型的加载和执行过程，同时降低了推理所需的内存和计算资源。还可以提高模型的兼容性，使其更容易在不同的深度学习框架和平台上进行部署和运行。如图 6.14 所示，其中 Constant 模块的个数由 34 个变成 0，在计算时，能够忽略这方面的计算量，使得模型更加高效。

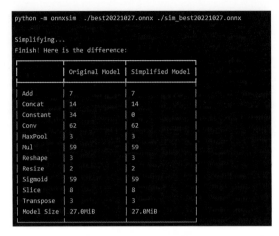

图 6.14　简化版本计算对比

### 6.5.6　模型量化

为了保证较高的精度，大部分的科学运算都是采用浮点型进行计算，常见的是 32 位浮点型和 64 位浮点型，即 float32 和 double64。然而推理没有反向传播，网络中存在很多不重要的参数，或者并不需要太细的精度来表示它们。模型量化主要有以下好处：

（1）减少内存和存储占用。

（2）降低功耗。功耗主要来自计算和访存两部分。一方面，以乘加运算为例，8 位整型与 32 浮点相比能耗可有数量级的差异。另一方面，访问内存耗电极大。假设原本只能放在 DRAM 中的模型经过量化能放入 SRAM，那不仅提升性能，而且减少了能耗。

（3）提升计算速度。很多处理器整数计算指令都要比相应的浮点计算高效。以 CPU 为例，浮点运算指令的 latency 平均会长于对应的整数运算指令。

量化其实就是将训练好的深度神经网络的权值、激活值等从高精度转化成低精度，并保证精度不下降的操作过程。如何从高精度转到低精度呢？在定点与浮点等数据之间建立一种数据映射关系，将信号的连续取值近似为有限多个离散值，并使得以较小的精度损失代价获得了较好的收益。这个映射过程一般用下面的公式来表示：

$$Q = \text{round}\left(\text{scale factor} \times \text{clip}\left(x, \alpha, \beta\right)\right) + \text{zero point} \qquad (6.6)$$

式中　$x$——需要量化的数，也就是量化对象，是个浮点型数据；

$Q$——量化后的数，是个整型数据。

zero point——原值域中的 0 在量化后的值。在 weight 或 activation 中会有不少 0（如 padding，或者经过 ReLU），因此我们在量化时需要让实数 0 在量化后可以被精确地表示。

公式涉及 3 个操作：round 操作、clip 操作和 scale factor 选取，以及需要确定的值 $\alpha$，$\beta$ 是 clip 操作的上、下界，称为 clipping value。

round 操作：其实就是一种映射关系，决定如何将原来的浮点值按照一定的规律映射到整型值上。举个例子，我们可以选用四舍五入假设「5.4 取值为 5，5.5 取值为 6」的原则，也可以选用最近左顶点「5.4 和 5.5 都取值为 5」或者最近右顶点原则等。

在灵汐开发板上的量化操作如下：

```
# ${model_path}指代 2.2 中根据 model_url 下载模型存放位置
# 编译非量化非 x7 模式
python3 lynxi_model_build.py --model ${model_path} \
                            --variance 255 \
                            --post_mode 0
# 编译非量化 x7 模式
python3 lynxi_model_build.py --model ${model_path} \
                            --variance 255 \
                            --post_mode 1
# 编译量化非 x7 模式
# 当量化图片未准备或未放置在指定文件夹时，将不编译量化模型
python3 lynxi_model_build.py --model ${model_path} \
                            --variance 255 \
                            --quant \
                            --
quant_images ../../../../../../dataset/COCO/quant_image/
                            --post_mode 0
# 编译量化 x7 模式
# 当量化图片未准备或未放置在指定文件夹时，将不编译量化模型
python3 lynxi_model_build.py --model ${model_path} \
                            --variance 255 \
                            --quant \
                            --
quant_images ../../../../../../dataset/COCO/quant_image/\
                            --post_mode 1
```

灵汐板端量化后的时间对比见表 6.1。

表 6.1　灵汐板端量化后的时间对比

| 量化类型 | mAP/ 0.5 | 参数量/M | 计算量/GFLOPs | 帧率/（fps/s） |
|---|---|---|---|---|
| INT8 | 0.89 | 7.2 | 16.5 | 128 |
| FLOAT16 | 0.92 | 7.2 | 16.5 | 78 |
| FLOAT32 | 0.94 | 7.2 | 16.5 | 46 |

下面以图 6.15 为例用三种模型量化进行对比。

图 6.15　示例

int8 消耗时间如图 6.16 所示。

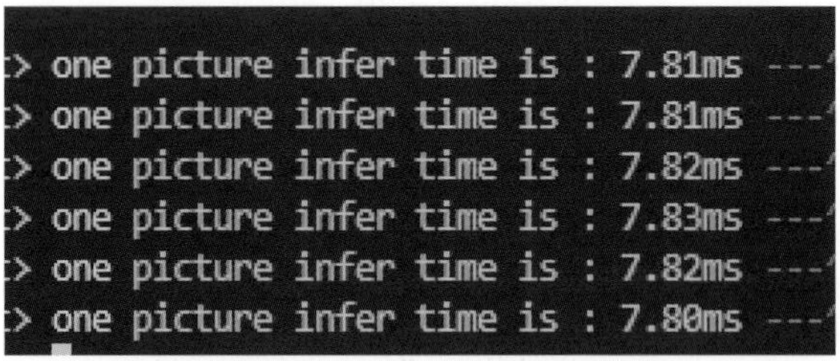

```
> one picture infer time is : 7.81ms ---
> one picture infer time is : 7.81ms ---
> one picture infer time is : 7.82ms ---
> one picture infer time is : 7.83ms ---
> one picture infer time is : 7.82ms ---
> one picture infer time is : 7.80ms ---
```

图 6.16　int8 消耗时间

float16 消耗时间如图 6.17 所示。

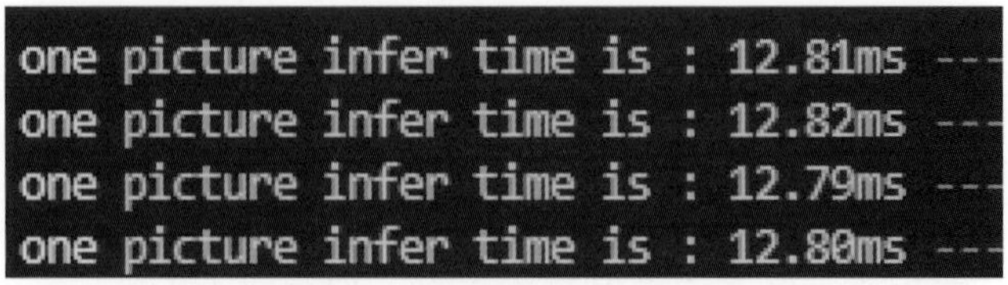

```
one picture infer time is : 12.81ms ---
one picture infer time is : 12.82ms ---
one picture infer time is : 12.79ms ---
one picture infer time is : 12.80ms ---
```

图 6.17　float16 消耗时间

float32 消耗时间如图 6.18 所示。

```
one picture infer time is : 21.73ms ---
one picture infer time is : 21.74ms ---
one picture infer time is : 21.75ms ---
one picture infer time is : 21.74ms ---
one picture infer time is : 21.73ms ---
```

图 6.18　float32 消耗时间

检测效果如图 6.19 所示。

（a）int8

（b）float16

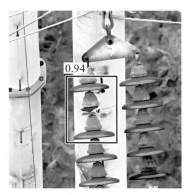

（c）float32

图 6.19　检测效果

float32 和 float16 量化类型的模型在轻量化方面表现相对较弱。尽管 float32 在 mAP 值上表现最佳（0.94），但它的帧率（46 fps/s）明显低于 int8 量化类型，不够适用于对推理速度有严格要求的轻量化场景。而 float16 在 mAP 值（0.92）和帧率（78 fps/s）上处于中间水平，虽然相对 int8 来说在精度和速度方面有所折中，但在轻量化需求下可能仍显不足，无法达到理想的性能要求。因此，在追求轻量化的场景下，int8 量化类型是更为优秀的选择，能够更好地满足快速、高效的推理需求。

由表 6.2 和图 6.20 可以看出 int8 量化类型的模型在轻量化方面表现出色，其模型大小仅为 4.0 M，远远小于 float16 和 float32 量化类型。尽管在模型大小方面 int8 相对较小，但其在推理性能上并未受到明显影响，仍能够实现高效的目标检测。这使得 int8 成为轻量级、高效率的选择，尤其适用于资源受限的嵌入式设备和对推理速度要求较高的应用场景。

表 6.2　模型大小对比

| 量化类型 | 模型大小/M |
| --- | --- |
| int8 | 4.0 |
| float16 | 8.6 |
| float32 | 14.3 |

[V] Adding 1 engine(s) to plan file.
[I] Loaded engine size: 4 MiB
[V] Deserialization required 70622 microseconds.

图 6.20　模型大小对比

## 6.6　数据处理及实验结果分析

### 6.6.1　数据处理

将无人机拍摄的数据进行标注，如图 6.21 所示。

图 6.21　标注示意图

由成像图可知，目标都比较小，因此，特征提取时需要更关注目标的特征信息。为了能够获取更多的目标信息，首先对数据集进行扩增处理。

假设图像的大小为 $m \times n$，并且数据集中图像的大小都一样，即数据集 $A$ 和 $B$ 中所有图像的大小都是 $m \times n$。翻转变换的过程就是图像做关于直线 $y=x$ 的中心反射变换，数据集 $A$ 和 $B$ 经过翻转变换之后得到初步增广数据集 $A_1$ 和 $B_1$，即

$$A_1 = A * \begin{bmatrix} 0 & 0 & 0 & 1 \\ 0 & 0 & 1 & 0 \\ 0 & \ddots & 0 & 0 \\ 1 & 0 & 0 & 0 \end{bmatrix}_{n \times n} \tag{6.7}$$

$$B_1 = B * \begin{bmatrix} 0 & 0 & 0 & 1 \\ 0 & 0 & 1 & 0 \\ 0 & \ddots & 0 & 0 \\ 1 & 0 & 0 & 0 \end{bmatrix}_{n \times n} \tag{6.8}$$

旋转变换就是将图像按照固定的角度进行旋转，使用公式（6.9）对增广数据集 $A_1$ 和 $B_1$ 进行旋转操作。

$$\begin{bmatrix} x \\ y \\ 1 \end{bmatrix} = \begin{bmatrix} \cos\theta & \sin\theta & 0 \\ -\sin\theta & \cos\theta & 0 \\ 0 & 0 & 1 \end{bmatrix} \begin{bmatrix} x_0 \\ y_0 \\ 1 \end{bmatrix} \tag{6.9}$$

其中（$x_0$，$y_0$）表示的是图像的每一个像素点。$\theta$ 的取值分别为 45°、90°、135°、180°、225°、275°、315°。分别按不同的旋转角度对数据集 $A_1$ 和 $B_1$ 进行旋转，得到最终的增广数据集 $C$ 和 $D$，即数据集 $C$ 和 $D$ 包含着不同角度的旋转图像。扩增后如图 6.22 所示。

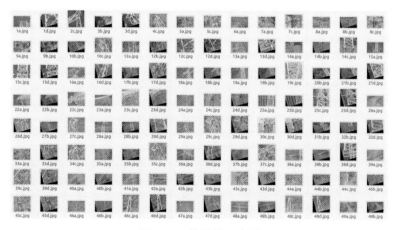

图 6.22　扩增后示意图

### 6.6.2 模型评价方法

度量一个模型的好坏需要良好的评价标准。在分类任务中常用的度量标准主要有：准确率（Precision, P）、召回率（Recall, R）、F1 分数（F1-score），平均精度 mAP（mean average precision）。本研究主要对破损绝缘子、防震锤、异物等识别进行研究，即上述与前景图的多分类问题。因此，根据自己标定的类别和通过算法检测出的类别进行计算，其分为以下 4 类：真正例（True Positive, TP）、假正例（False Positive, FP）、真反例（True Negative, TN）、假反例（False Negative, FN）。则准确率、召回率和 F1-score 定义如下：

$$P = \frac{TP}{TP + FP} \tag{6.10}$$

$$R = \frac{TP}{TP + FN} \tag{6.11}$$

$$\text{F1-score} = \frac{2PR}{P + R} \tag{6.12}$$

根据上述得到多个 recall 和 precision 点，求出 PR 曲线，PR 曲线下的面积就是 AP 的值。而 mAP 就是对所有的 AP 值进行求平均。

## 6.7 模型训练与测试

### 6.7.1 训练环境搭建

环境配置相关参数见表 6.3。

表 6.3 环境配置相关参数

| 硬件环境 | | 软件环境 | |
| --- | --- | --- | --- |
| CPU | Intel(R)Core(TM)i7-6700CPU@3.40 GHz | 操作系统 | Ubuntu 18.04 |
| GPU | NVIDIA GeForce RTX3090 | 运算平台 | CUDA11.2 + cuDNN8 |
| 内存 | 16 GB | 开发语言 | Python 3.7 |
| 显存 | 24 GB | 深度学习框架 | Pytorch |
| 硬盘 | 1 T | 开发工具 | Pycharm |

## 6.7.2  数据预处理

由于无人机分辨率较高，目标都比较小，因此，特征提取时需要更关注目标的特征信息。为了能够获取更多的目标信息，首先对数据集进行扩增处理，通过几何变换、像素变换、背景替换等操作对缺陷数据集进行图像预处理，以实现数据增强。具体的方式包括缩放、翻转、任意角度旋转、降低或提高亮度、增强或减弱对比度、添加高斯噪声，以及图像背景替换等。图 6.23 所示为无人机拍摄的图像。

（a）

（b）

（c）

（d）

（e）

（f）

（g）　　　　　　　　　　　　　（h）

图 6.23　无人机拍摄的图像

扩增后的数据如图 6.24 所示。

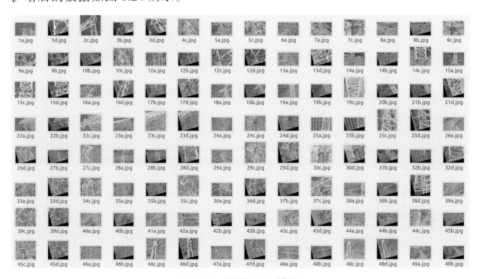

图 6.24　扩增后的数据

### 6.7.3　模型训练

对预处理后的数据集进行模型训练时，利用迁移学习的知识，使用预训练权重来保证主干部分的权值不会太随机。在模型训练过程中，需要预先设置网络的超参数以获得最优的实验结果。超参数的设置对网络模型的性能影响很大。在缺陷检测模型训练过程中，设置的超参数如下：学习率 lr0 设置为 0.01，迭代次数 Epoch 为 100，batch-size 为

16，优化器选用 SGD。

设置完超参数之后，输入输电线路缺陷图片及异物进行检测。通过对输入图片进行特征提取、边界框预测、边界框筛选等操作，输出预测结果。以下是改进后的 YOLO v5 电气设备外部缺陷检测算法的流程：

（1）加载改进后的 YOLO v5 目标检测模型；

（2）读取输入图像并进行图像预处理；

（3）提取图像特征并输出特征图；

（4）利用特征图对每个网格单元进行预测；

（5）for 有缺陷目标 in 网格单元；

（6）预测缺陷目标的类别、位置；

（7）生成预测的边界框；

（8）结束；

（9）使用 NMS 对预测得到的边界框进行筛选；

（10）输出预测结果，包括目标的类别、置信度和位置。

### 6.7.4　实验结果分析

将扩增后的数据集输入 YOLO v5s-GSconv-SE 进行训练，训练的过程中使用的环境配置的参数见表 6.4。

表 6.4　环境配置相关参数

| 硬件环境 | | 软件环境 | |
|---|---|---|---|
| CPU | Intel(R)Core(TM)i7-6700CPU@3.40 GHz | 操作系统 | Ubuntu 18.04 |
| GPU | NVIDIA GeForce RTX3090 | 运算平台 | CUDA11.2＋cuDNN8 |
| 内存 | 16 GB | 开发语言 | Python 3.7 |
| 显存 | 24 GB | 深度学习框架 | Pytorch |
| 硬盘 | 1 T | 开发工具 | Pycharm |

将 12 000 张图像输入进网络进行训练，设置训练集与测试集比为 8∶2。设置初始学习率为 0.001，设置每隔 50 轮次，学习率降为原来的 1/10，训练的动量选择 0.9，训练批 batch_size 设置为 16，共训练 300 个轮次，采用迁移学习的方法采用在 COCO 数据集上训练过的 YOLO v5s.pt 网络模型，这能加速训练的进程，收敛性能更好。其中，图 6.25 所示为网络的训练检测误差，图 6.26 所示为目标训练分类误差，图 6.27 所示为目标测试检测误差，图 6.28 所示为是测试分类误差。

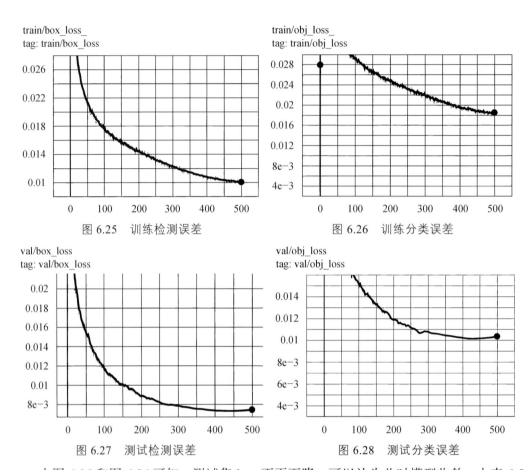

图 6.25　训练检测误差　　　　　　　图 6.26　训练分类误差

图 6.27　测试检测误差　　　　　　　图 6.28　测试分类误差

由图 6.25 和图 6.26 可知，测试集 loss 不再下降，可以认为此时模型收敛。由表 6.5 可知，YOLO v5s 的 mAP 值为 91.6%，在 GPU 上的帧率为 126.7 fps，但在灵汐边端上其帧率为 124.4 fps，对于 YOLO v4-tiny，YOLO v5s 的 mAP 提升 17.3%，但在服务端上的帧率较 YOLO v4-tiny 低接近 40 fps。本研究提出的 YOLO v5s-GSconv-SE，对比原始的 YOLO v5s 的 mAP 提升 3.2%，fps 提高 6 帧。对比单一添加的 SE 与 GSconv 的 YOLO v5s 模块，在国产边端设备上，YOLO v5s-GSconv-SE 对比添加 SE 模块 YOLO v5s 网络 mAP 提高 1.4%，速度快 15fps；对比添加 GSconv 模块的 YOLO v5 s，其 mAP 提高 2.6%，速度方面由于添加了 SE 模块，减少了 11 fps。

表 6.5　各个模型的 mAP 值和 fps 值

| 检测器 | mAP（平均准确率） | P（准确率） | R（召回率） | 服务端/fps | 边端设备帧率/fps |
|---|---|---|---|---|---|
| YOLO v4-tiny | 82.3% | 0.818 | 0.56 | 168.6 | 167.4 |
| YOLO v5s | 91.6% | 0.912 | 0.68 | 126.7 | 124.4 |

| 检测器 | mAP（平均准确率） | P（准确率） | R（召回率） | 服务端/fps | 边端设备帧率/fps |
|---|---|---|---|---|---|
| YOLO v5s-SE | 95.4% | 0.952 | 0.72 | 118.4 | 115.4 |
| YOLO v5s-GSconv | 94.2% | 0.938 | 0.75 | 137.8 | 141.8 |
| YOLO v5s-GSconv-SE | 96.8% | 0.966 | 0.77 | 128.5 | 130.6 |

## 6.8 应用效果和创新性

1. 应用效果

本研究的改进型 YOLO v5 模型主要应用于对机电设备（如破损的绝缘子、防震锤以及塔杆异物）进行精确而高效的检测。这在实际应用中有着广阔的前景，例如可以应用于电力设备的维护与检修，通过不断地监测和预测设备的破损情况，大大延长了设备的使用寿命，减少了因设备故障带来的经济损失。此外，该模型还能应用于机器视觉中的对象检测，比如安全监控、人机交互、自动驾驶等领域，有着广泛的应用价值。

2. 创新性

在电力场景的目标检测中，采用改进的 YOLO v5 对象检测算法，结合 SE 注意力机制模块和 GSconv，具有以下的算法优势和创新点：

（1）对目标特性的优化把握：SE（Squeeze-and-Excitation）注意力机制模块能够动态地调整特征图的权重，重点关注具有较强识别价值的特征部分，对于电力设施这种具有明显特点并且目标较为固定的应用场景，能够大幅度提升算法的检测准确率。

（2）提升检测效率：GSconv 是一种改进的卷积操作，相比于传统的卷积操作，GSconv 在保证准确性的前提下降低了计算量，并且加速了计算的速度，尤其对于无人机巡检等需要实时反馈结果的应用场景具有非常大的应用价值。

（3）降低硬件资源消耗：通过采用 SE 模块和 GSconv，算法在同样的硬件设备上能够实现更高效的计算，降低了对硬件设备的要求，使得轻量化的边缘计算设备可以胜任这样的计算任务。

（4）针对电力场景的定制化优化：基于改进的 YOLO v5 设计的模型，能够对电力场景中的多个场景进行精细化的识别，这种针对场景的识别更符合电力场景的实际需求，并能够更准确地检测出可能存在的风险。

以上优点不仅提升了算法的检测精度，还提高了计算效率，降低了对硬件的依赖，具有很高的应用价值和推广前景。

本模型的提出，不仅提升了目标检测任务的效果，更是给深度学习模型在实际设备部署方面提供了新的视角和思路，具有很大的实践价值和研究意义。

# 第 7 章

# 红外-可见光融合"目标级融合"算法研究

## 7.1 红外-可见光融合"目标级融合"算法概括

红外-可见光融合"目标级融合"算法是一种多模态图像精细合成方法。它主要通过吸取红外图像和可见光图像的优点，以达到在给定环境下具有更高的辨识度和实用性。这种类型的融合算法可被广泛应用于监控、军事、医学、工业检测等领域。目标级融合是指在红外与可见光图像中分别检测出目标后，再进行融合的过程。

红外-可见光融合"目标级融合"算法可以将红外图像和可见光图像相结合，生成一种新的图像，该图像不仅具有可见光图像的颜色和纹理信息，同时也具有红外图像的边缘信息，这样，就可以在复杂环境下进行高精度的目标识别。这种算法的关键在于如何有效地同时利用红外图像和可见光图像的信息，对环境中的目标进行精确识别。算法流程如图 7.1 所示。

总的来说，红外-可见光融合"目标级融合"算法研究的主要目标是开发出一种新的图像处理技术，该技术可以结合红外和可见光图像的优点，以提高目标识别的准确性和可靠性。

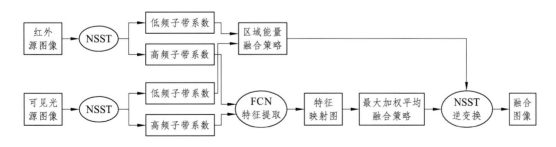

图 7.1  红外-可见光融合"目标级融合"算法流程

## 7.2 红外-可见光融合"目标级融合"算法对比

### 7.2.1 现有算法介绍

（1）基于小波变换的融合算法：这是一种常用的图像融合方法，主要通过对图像进行多尺度分解，然后对分解后的子图像进行融合处理。

（2）基于PCA（主成分分析）的融合算法：PCA是一种统计分析方法，可以用来提取目标的主要特征。对于红外和可见光图像，首先通过PCA对每个图像进行处理，提取出主要特征，然后再将这些特征进行融合。

（3）基于区域能量的融合算法：这种方法首先将图像划分为多个小区域，然后计算每个区域的能量，根据能量的大小来确定融合的权重。

（4）基于深度学习的融合算法：随着人工智能的发展，深度学习在图像融合中的应用也日益广泛。通过训练深度神经网络，可以在一定程度上提高融合效果。

以上就是常用的几种红外-可见光融合"目标级融合"算法。具体应用哪种算法需要根据实际情况和需求进行选择。

红外与可见光图像融合的目的是合成一幅融合图像，该图像不仅包含显著的目标和丰富的纹理细节，而且有利于高级视觉任务。然而，现有的融合算法片面地关注融合图像的视觉质量和统计指标，而忽略了高层次视觉任务的要求。

为了解决这些问题，本研究在图像融合和高级视觉任务之间架起了差距，提出了以SeAFusion为基础的图像融合网络。一方面，将图像融合模块与语义分割模块级联，利用语义损失引导高层语义信息回流到图像融合模块，有效提高融合图像的高层视觉任务性能。另一方面，设计了梯度残差密集块（GRDB）来增强融合网络对细粒度空间细节的描述能力。

广泛的对比和泛化实验证明了SeAfusion在保持像素强度分布和保留纹理细节方面优于最先进的替代方案。更重要的是，通过比较不同融合算法在任务驱动评估中的性能，揭示了该框架在高层次视觉任务处理中的天然优势。

#### 1. 基于小波变换的融合算法

小波变换最早是由法国的数学家Yves Meyer在20世纪80年代提出。这是一种在时间和频率上同时进行分析的方法，可以有效解析不同位置、不同频率、不同尺度的信号，所以在图像、声音和数据压缩分析等领域有着广泛应用。其公式及变换示意如图7.2所示。

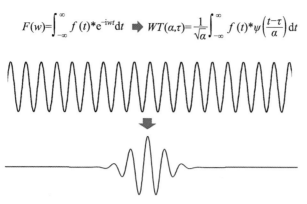

$$F(w)=\int_{-\infty}^{\infty} f(t)*e^{-iwt}\mathrm{d}t \Rightarrow WT(\alpha,\tau)=\frac{1}{\sqrt{\alpha}}\int_{-\infty}^{\infty} f(t)*\psi\left(\frac{t-\tau}{\alpha}\right)\mathrm{d}t$$

图 7.2　小波变换公式及示意

　　基于小波变换的图像融合算法利用上述特性，对图像分别在不同尺度、不同频率的图片细节进行分析和处理，从而达到融合图片的目的。与其他简单的图像融合方法相比，如简单平均、选择最大像素、PCA 算法等，基于小波变换的图像融合能更好地保留图像的细节信息，并在一定程度上改善图像的对比度和清晰度。

　　该算法广泛应用于医疗图像分析、目标识别、卫星图像处理、损伤检测、电力线路巡检等领域。比如，在医疗影像方面，融合 MRI 和 CT 图像可以更准确地定位病变；在电力巡检中，红外和可见光图像融合能更好地识别线路的损伤。

　　1）算法优点

　　（1）能在多尺度上进行分析和处理，提高了图像对比度和清晰度。

　　（2）能更好地保留原始图像的细节信息。

　　（3）具有良好的稳定性和适应性。

　　2）算法缺点

　　（1）对于选择的小波基非常敏感，不同的小波基可能导致融合效果有所不同。

　　（2）当原图像中存在大面积平滑区域时，容易引入噪声和伪影。

　　计算量较大，需要对图像进行多尺度分解和重构，尤其是在处理大量高清图像时，可能需要较多的计算资源。

　　基于小波变换的图像融合算法是一种利用小波变换的多尺度结构特性对图像进行融合的方法。其基本思路是首先采用适当的小波基对每一幅图像进行多层小波分解，得到各分解层次的小波系数，然后对同一层次的小波系数进行适当的融合规则，最后通过小波重构得到融合图像。

　　3）实现过程

　　（1）对红外和可见光图像进行小波分解，得到逼近系数和细节系数。

　　（2）对各层的小波系数进行融合，常用融合规则有最大像素规则、平均像素规则、基于区域能量的加权平均规则等。

（3）通过对融合后的小波系数进行重构，生成最终的融合图像。

4）小波变换公式

小波变换的相关数学公式主要包括小波变换和重构的公式，融合规则的具体形式会依据选择的融合规则改变。

对于一维信号 $f(t)$，其连续小波变换公式为

$$W(a,b) = \int f(t)\psi((t-b)/a)\mathrm{d}t \tag{7.1}$$

式中　$\psi(t)$——小波函数；

　　$a$——尺度参数，$a>0$；

　　$b$——平移参数，控制了小波函数的拉伸和移动。

对于连续小波变换，其逆变换公式为

$$f(t) = (2\pi a - 1)\iint W(a,b)\psi((t-b)/a)\,\mathrm{d}b\mathrm{d}a \tag{7.2}$$

像素融合规则（以最大值融合规则为例）：

假设存在两幅图像 A 和 B，每个图像都有 $N$ 个像素，每个像素都在[0，255]之间。融合后的图像 C 的每个像素值 $C(i)$ 可以用以下方式计算：

$$C(i) = \max(A(i),\ B(i)), i = 1, 2, \cdots, N \tag{7.3}$$

基于小波变换的融合算法，一个很大的优势在于它的多尺度特性。小波变换本身就是为了更好地提取信号中的细节信息，这种特性使得基于小波变换的融合算法在提取图片细节上非常出色，能够大幅度增强图像的对比度，从而使融合后的图像更加清晰、细节更加丰富。具体处理效果如图 7.3 所示。

（a）　　　　　　　　　　　　　　（b）

（c）　　　　　　　　　　　　　（d）

图 7.3　小波变换融合算法图像处理

注：LH 代表水平方向低频，垂直方向高频；HL 代表水平方向高频，垂直方向低频。

另外，小波变换的核心是变换母小波，这为根据需求选择不同的母小波提供了可能，如 Haar 小波、Daubechies 小波、Symlets 小波、Coiflets 小波等。下面举例一下基于 Daubechies 小波融合的步骤：

（1）对目标图像进行 2D Daubechies 小波变换，获得对应的近似系数和细节系数。

（2）对同级的细节系数进行融合，常见的融合策略有取大、取平均、基于区域能量的加权等。

（3）对融合后的小波系数进行逆小波变换，得到融合后的图像。

基于小波变换的融合算法主要适用于需要高对比度、高清晰度和丰富细节的图像融合场景，如医学影像、航空航天、微观观察、军事侦察等领域。

然而，这种算法并非万能的，它同样存在一些局限性。首先，这种方法对于选择的母小波非常敏感，不同的小波基可能会导致融合的结果大相径庭。其次，这种算法的计算复杂度相对较高，对于大规模的数据，计算可能需要消耗比较多的时间和资源。最后，若是处理的图像存在大尺度的平滑区域，基于小波变换的融合可能会引入额外的噪声和伪影，影响图像的整体质量，如图 7.4 所示。

（a）　　　　　　　　　　　　　（b）

（c） （d）

图 7.4 小波变换融合算法图像处理的缺点

**2. 基于 PCA 的融合算法**

主成分分析（Principal Component Analysis，PCA）是最早由卡尔·皮尔逊（Karl Pearson）在 1901 年提出的一种统计方法。他在试图理解两个植物品种大小与颜色之间的关系时，发现这种方法可以将一些看似复杂的关系化简为这些数据的主要变化方向，即"主成分"。因此，最初的 PCA 是用来理解多元线性回归系统中数据的内在变化情况。

随着计算机科学和技术的发展，PCA 逐渐被引入图像处理领域，用于提取图像的主要特征。在 20 世纪 80 年代，Sirovich 和 Kirby 应用 PCA 方法对大量人脸图片进行压缩和分类，实现了初步的人脸识别，从而开启了 PCA 在图像处理领域的研究热潮。

至于 PCA 在图像融合中的应用，起源于 21 世纪初的医学影像处理研究。研究人员发现 PCA 可以很好地提取和融合医学影像中的各种信息，比如 CT 扫描和 MRI 扫描的数据，以便医生更好地理解病患的情况。

目前，PCA 已经成为图像处理领域的一种重要技术。无论是在脸部识别、指纹识别、人体姿态识别，还是在多源图像数据融合、图像压缩等问题上，PCA 都发挥着重要的作用。在图像融合中，PCA 可以提取多个图像的主要特征然后进行融合，达到增强或补充图像信息，改进视觉效果的目的。特别是在军事、天气预报、医疗影像、遥感等领域，PCA 融合算法都得到了广泛应用。

1）PCA 融合算法的优点

（1）优点。

（1）PCA 融合算法可以有效地提取图像的主要特征，并可以去除图像的冗余信息，从而提高了图像融合的效果。

（2）PCA 融合算法的计算复杂度相对较低，比其他融合算法更适合处理大规模的图像数据。

（3）PCA 融合算法可以处理多个图像的融合，不受图像数量的限制。

2）PCA 融合算法的缺点

（1）PCA 融合算法需要对图像进行预处理，这可能会增加处理的复杂性。

（2）PCA 融合算法的效果可能会受图像质量的影响，如果图像包含过多的噪声或者敏感信息，可能会影响 PCA 的特征提取效果。

（3）PCA 融合算法主要是通过提取图像的全局特征进行融合，可能会忽略掉一些重要的局部信息。

3）K-L 变换

主成分分析（PCA）是多元统计分析中用来分析数据的一种方法，是一种用较少数量的特征对样本进行描述以达到降低特征空间维数的方法，其本质实际上是 K-L 变换[卡洛南-洛伊（Karhunen-Loeve）变换]。PCA 方法最著名的应用是在人脸识别中特征提取及数据维，输入 $200 \times 200$ 大小的人脸图像，单独提取它的灰度值作为原始特征，则这个原始特征将达到 40 000 维，这给后面分类器的处理将带来极大的难度。著名的人脸识别 Eigenface 算法就是采用 PCA 算法，用一个低维子空间描述人脸图像，同时也保存了识别所需的信息。

K-L 变换是最优正交变换一种常用的特征提取方法，在消除模式特征之间的相关性、突出差异性方面有最优的效果。

离散 K-L 变换：对向量 $x$（可以想象成 $M$ 维 = width × height 的人脸图像原始特征）用确定的完备正交归一向量系 $u_j$ 展开：

$$x = \sum_{j=1} y_j \cdot u_j \quad \text{其中}, u_i \cdot u_j = \begin{cases} 1, i = j \\ 0, i \neq j \end{cases}$$

$$y_j = y_j \cdot u_j^{\mathrm{T}} \times u_j = u_j^{\mathrm{T}} \times \left( \sum_{j=1}^{\infty} y_j \times u_j \right) = u_j^{\mathrm{T}} \times x \tag{7.4}$$

这个公式由来是任一 $n$ 维欧氏空间 $V$ 均存在正交基，利用施密特正交化过程即可构建这个正交基。

现在用 $d$ 个有限项来估计向量 $x$，公式如下：

$$\hat{x} = \sum_{j=1}^{d} y_j u_j \tag{7.5}$$

计算该估计的均方误差如下：

$$\varepsilon = E\left[(\boldsymbol{x} - \hat{\boldsymbol{x}})^{\mathrm{T}}(\boldsymbol{x} - \hat{\boldsymbol{x}})\right]$$

$$= E\left[\left(\sum_{j=d+1}^{\infty} y_j \cdot \boldsymbol{u}_j^{\mathrm{T}}\right) \cdot \left(\sum_{j=d+1}^{\infty} y_j \cdot \boldsymbol{u}_j\right)\right]$$

$$= E\left[\sum_{d+1}^{\infty} y_j^2\right]$$

$$= E\left[\sum_{d+1}^{\infty}\left(\boldsymbol{u}_j^{\mathrm{T}} \cdot \boldsymbol{x} \cdot \boldsymbol{x}^{\mathrm{T}} \cdot \boldsymbol{u}_j\right)\right]$$

$$= \sum_{d+1}^{\infty}\left[\boldsymbol{u}_j^{\mathrm{T}} \cdot E\left(\boldsymbol{x}\boldsymbol{x}^{\mathrm{T}}\right) \cdot \boldsymbol{u}_j\right] \tag{7.6}$$

令 $\boldsymbol{R} = E\left(\boldsymbol{x}\boldsymbol{x}^{\mathrm{T}}\right)$

上式 $= \sum_{d+1}^{\infty}\left[\boldsymbol{u}_j^{\mathrm{T}} \cdot \boldsymbol{R} \cdot \boldsymbol{u}_j\right]$

要使用均方误差最小，采用 Langrange 乘子法进行求解：

$$g\left(\boldsymbol{u}_j\right) = \sum_{d+1}^{\infty}\left[\boldsymbol{u}_j^{\mathrm{T}} R \boldsymbol{u}_j\right] - \sum_{d+1}^{\infty} \lambda_j\left(\boldsymbol{u}_j^{\mathrm{T}} \boldsymbol{u}_j - 1\right)\boldsymbol{u}_j, j = d+1, \cdots, \infty$$

$$\boldsymbol{R} \cdot \boldsymbol{u}_j = \lambda_j \cdot \boldsymbol{u}_j \tag{7.7}$$

因此，当满足上式时，

$$\varepsilon = \sum_{d+1}^{\infty}\left[\boldsymbol{u}_j^{\mathrm{T}} \cdot \boldsymbol{R} \cdot \boldsymbol{u}_j\right] \tag{7.8}$$

取得最小值，即以相关矩阵 $\boldsymbol{R}$ 的 $d$ 个特征向量（对应 $d$ 个特征值从大到小排列）为基向量来展开向量 $\boldsymbol{x}$ 时，其均方误差最小，为

$$\varepsilon = \sum_{d+1}^{\infty} \lambda_j \tag{7.9}$$

因此，K-L 变换定义：当取矩阵 $\boldsymbol{R}$ 的 $d$ 个最大特征值对应的特征向量来展开 $\boldsymbol{x}$ 时，其截断均方误差最小。这 $d$ 个特征向量组成的正交坐标系称作 $\boldsymbol{x}$ 所在的 $D$ 维空间的 $d$ 维 K-L 变换坐标系，$\boldsymbol{x}$ 在 K-L 坐标系上的展开系数向量 $\boldsymbol{y}$ 称作 $\boldsymbol{x}$ 的 K-L 变换。

K-L 变换的方法：对相关矩阵 $\boldsymbol{R}$ 的特征值由大到小进行排队，$\lambda_1 \geqslant \lambda_2 \geqslant \cdots \geqslant \lambda_d \geqslant \lambda_{d+1} \geqslant \cdots$ 则均方误差最小的 $\boldsymbol{x}$ 近似于：

$$\boldsymbol{x} = \sum_{j=1}^{d} y_j \boldsymbol{u}_j \tag{7.10}$$

矩阵形式：上式两边乘以 $U$ 的转置，得

$$y = U^{\mathrm{T}} x - K - L \tag{7.11}$$

向量 $y$ 就是变换（降维）后的系数向量，在人脸识别 Eigenface 算法中就是用系数向量 $y$ 代替原始特征向量 $x$ 进行识别。

下面，来看看相关矩阵 $R$ 到底是什么样子。

$$\begin{aligned} \mathbf{R} &= E\left(\mathbf{x} \cdot \mathbf{x}^{\mathrm{T}}\right) \\ &= \begin{bmatrix} E(x_1 \cdot x_1) \cdots E(x_1 \cdot x_n) \\ E(x_2 \cdot x_1) \cdots E(x_2 \cdot x_n) \\ \vdots \\ E(x_n \cdot x_1) \cdots E(x_n \cdot x_n) \end{bmatrix} \end{aligned} \tag{7.12}$$

可以看出相关矩阵 $R$ 是一个实对称矩阵（或者严谨地讲叫作正规矩阵）。若矩阵 $R$ 是一个实对称矩阵，则必定存在正交矩阵 $U$，使得 $R$ 相似于对角形矩阵。因此，可以得出这样一个结论：

$$\text{aligned} E\left[yy^{\mathrm{T}}\right] = E\left[U^{\mathrm{T}} xx^{\mathrm{T}} U\right] = U^{\mathrm{T}} R U = \Lambda \tag{7.13}$$

降维后的系数向量 $y$ 的相关矩阵是对角矩阵，即通过 K-L 变换消除原有向量 $x$ 的各分量间的相关性，从而有可能去掉那些带有较少信息的分量以达到降低特征维数的目的。

3. 主成分分析（PCA）

主成分分析（PCA）的原理就是将一个高维向量 $x$，通过一个特殊的特征向量矩阵 $U$，投影到一个低维的向量空间中，表征为一个低维向量 $y$，并且仅仅损失了一些次要信息。也就是说，通过低维表征的向量和特征向量矩阵，可以基本重构出所对应的原始高维向量。

在人脸识别中，特征向量矩阵 $U$ 称为特征脸（eigenface）空间，因此其中的特征向量 $u_i$ 进行量化后可以看出人脸轮廓，在下面的实验中可以看出。

设有 $N$ 个人脸训练样本，每个样本由其像素灰度值组成一个向量 $x_i$，则样本图像的像素点数即为 $x_i$ 的维数，$M = \text{width} \times \text{height}$，由向量构成的训练样本集为 $\{x_1, x_2, \cdots, x_N\}$，该样本集的平均向量（平均脸）为

$$\bar{x} = \frac{1}{N} \sum_{i=1}^{N} x_i \tag{7.14}$$

样本集的协方差矩阵为

$$\sum = \frac{1}{N} \sum_{i=1}^{N} (x_i - \overline{x})(x_i - \overline{x})^{\mathrm{T}} \tag{7.15}$$

求出协方差矩阵的特征向量 $u_i$ 和对应的特征值，这些特征向量组成的矩阵 $U$ 就是人脸空间的正交基底，用它们的线性组合可以重构出样本中任意的人脸图像，并且图像信息集中在特征值大的特征向量中，即使丢弃特征值小的向量也不会影响图像质量。

将协方差矩阵的特征值按大到小排序：

$$\lambda_1 \geqslant \lambda_2 \geqslant \cdots \geqslant \lambda_d \geqslant \lambda_{d+1} \geqslant \cdots \tag{7.16}$$

由大于 $\lambda_{d+1}$ 的对应的特征向量构成主成分，主成分构成的变换矩阵为

$$U = (u_1, u_2, \cdots, u_d) \tag{7.17}$$

这样每一幅人脸图像都可以投影到 $U = (u_1, u_2, \cdots, u_d)$ 构成的特征脸子空间中，$U$ 的维数为 $M \times d$。有了这样一个降维的子空间，任何一幅人脸图像都可以向其作投影 $y = U^{\mathrm{T}} x$，获得一组坐标系数，即低维向量 $y$，维数 $d \times 1$，称为 K-L 分解系数。这组系数表明了图像在子空间的位置，从而可以作为人脸识别的依据。

4. PCA 算法实验

在计算机视觉库 OpenCV 较新的版本中，封装了 PCA 算法的类。下面是对 PCA 算法做的一些实验，有助于加深对 PCA 算法的理解。

部分函数说明如下：

Mat Mat：: reshape(int cn, int rows＝0) const

该函数是改变 Mat 的尺寸，即保持尺寸大小（＝行数×列数×通道数）不变。其中第一个参数为变换后 Mat 的通道数，如果为 0，代表变换前后通道数不变。第二个参数为变换后 Mat 的行数，如果为 0 也是代表变换前后通道数不变。但是该函数本身不复制数据。

void Mat：: convertTo(OutputArray m, int rtype, double alpha＝1, double beta＝0) cons

该函数其实是对原 Mat 的每一个值做一个线性变换。参数 1 为目的矩阵，参数 2 为目的矩阵的类型，参数 3 和 4 变换的系数：

$$m(x,y) = \$saturate_cast\$ < \$rType\$ > (\alpha(*\$this\$)(x,y) + \beta)$$

PCA：: PCA(InputArray data, InputArray mean, int flags, int maxComponents=0)

该构造函数的第一个参数为要进行 PCA 变换的输入 Mat；参数 2 为该 Mat 的均值

向量；参数 3 为输入矩阵数据的存储方式，如果其值为 CV_PCA_DATA_AS_ROW 则说明输入 Mat 的每一行代表一个样本，同理，当其值为 CV_PCA_DATA_AS_COL 时，代表输入矩阵的每一列为一个样本；最后一个参数为该 PCA 计算时保留的最大主成分的个数。如果是缺省值，则表示所有的成分都保留。

Mat PCA：：project(InputArray vec) const

该函数的作用是将输入数据 vec（该数据是用来提取 PCA 特征的原始数据）投影到 PCA 主成分空间中去，返回每一个样本主成分特征组成的矩阵。经过 PCA 处理后，原始数据的维数降低了，因此原始数据集中的每一个样本的维数都变了，由改变后的样本集就组成了本函数的返回值，如图 7.5 所示。

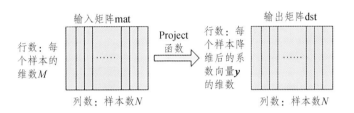

图 7.5　project 函数作用

Mat PCA：：backProject(InputArray vec) const

一般调用 backProject()函数前需调用 project()函数，因为 backProject()函数的参数 vec 就是经过 PCA 投影降维过后的矩阵 dst。因此 backProject()函数的作用就是用 vec 来重构原始数据集，如图 7.6 所示。

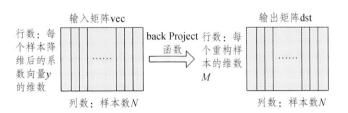

图 7.6　backProject 函数作用

另外，PCA 类中还有几个成员变量，如 mean、eigenvectors、eigenvalues 等分别对应着原始数据的均值，协方差矩阵的特征值和特征向量。

该实验是用 4 个人的人脸图像，其中每个人分别有 5 张，共计 20 张人脸图片，如图 7.7 所示。用这些图片组成原始数据集来提取他们的 PCA 主特征脸。

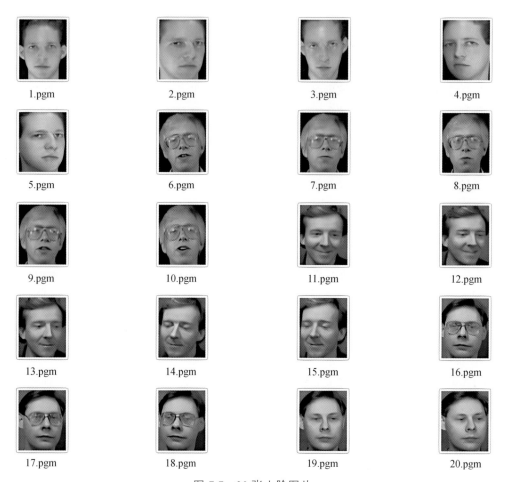

| | | | |
|---|---|---|---|
| 1.pgm | 2.pgm | 3.pgm | 4.pgm |
| 5.pgm | 6.pgm | 7.pgm | 8.pgm |
| 9.pgm | 10.pgm | 11.pgm | 12.pgm |
| 13.pgm | 14.pgm | 15.pgm | 16.pgm |
| 17.pgm | 18.pgm | 19.pgm | 20.pgm |

图 7.7　20 张人脸图片

第二行中显示的 3 张重构人脸图像，可以看出由于只取了 4 个特征向量作为正交基底，因此重构后的人脸图像一些细节会丢失。如果增加保留的特征向量个数，则能较好的重构出人脸图像。

第 3 行的人脸图为取的原始数据协方差矩阵特征向量的最前面 3 个，因此这 3 张人脸为最具代表人脸特征的 3 个 PCA 人脸特征。

5. 基于区域能量的融合算法

基于区域能量的图像融合算法源自计算机视觉领域的多尺度分析理论。在过去几十年的发展过程中，该方法从最初的简单加权融合，发展到现在的复杂的优化算法。最初的研究主要侧重于如何改进划分区域和计算能量的方法，而现在的研究更注重如何在能量计算和图像融合的过程中考虑图像的各种特性，如纹理、边缘等信息。

区域能量是在图像处理和分析中，对图像已划分区域内的聚合信息的一种度量方式。一般来说，会把图片划分为许多小区域，然后我们计算每个区域的能量，包括各像素值的平方和等。

在具体计算过程中，区域能量通常表现为区域内的像素强度总和，或像素强度的自平方总和等。更常用的一种计算方式是把每个像素的强度求平方，然后进行求和：

$$E = \sum （像素强度）^2$$

像素强度越大，代表该区域的能量越高。

区域能量是用来评估图像区域的重要性或者活跃度的一个参数。该技术应用广泛，如在图像融合、特征提取、边缘检测等方面都有一定的应用。

1）优点

（1）基于区域能量的图像融合算法利用区域能量作为权重，有效地提取了原图像中的重要信息。这种机制可以使得融合图像更能反映原图像在这部分区域的突出特点。

（2）该算法可以保证在融合过程中的稳定性，这是因为图像的一小部分区域能量的巨大变动不会导致整个融合过程权重的巨大变动。

（3）该算法适合在各种类型和大小的图像上进行操作，具有较高的通用性。

2）缺点

（1）对于特别复杂的图像或者特别大的图像，该算法在原始图像分区以及计算各区域能量时，可能会需要大量的计算资源和时间，效率较低。

（2）对于不同的图像，最优的区域分割方法可能不同，需要根据具体情况进行人工调整，缺乏普遍性。

（3）区域不同的能量特征可能来源于各种因素，如亮度、对比度、纹理等，但是该融合算法中并没有明确考虑这些因素。

该算法取决于每个区域的能量大小，对于一些在全局下重要，但是局部下能量低的区域，可能不能得到足够的关注。在处理图像融合问题时，基于区域能量的融合算法有着很大的优势，它有效地提取了原图像中的重要信息，提高了融合图像的品质。

3）方法步骤

基于区域能量的融合算法实现步骤如图7.8所示。

（1）源图像划分：将源图像划分为多个小区域，这些小区域可以是矩形，也可以是其他形状。划分的方式有一定的灵活性，可以根据实际情况进行调整。

（2）区域能量计算：在源图像划分好区域之后，对每个区域进行能量计算。能量通常通过区域的像素值进行计算，像素值越大，表示区域的能量越高。能量计算的方式也有多种，可以充分考虑像素值的分布、差异等因素。

（3）区域能量比较：根据各个区域的能量大小进行比较，能量越大的区域，在融合图像中的权重越大。也就是说，能量高的区域在融合图像中的信息更多。

（4）图像融合：根据各个区域的权重，进行图像的融合。融合的方法也有很多种，可以是简单的加权平均，也可以是更复杂的优化算法。

基于区域能量的图像融合算法广泛应用于图像处理、计算机视觉、医学影像等领域。例如：在遥感图像处理中，可以用于多源图像融合；在医学影像中，可以用于病灶检测和定位；在计算机视觉中，则可以用于提高图像的视觉效果。

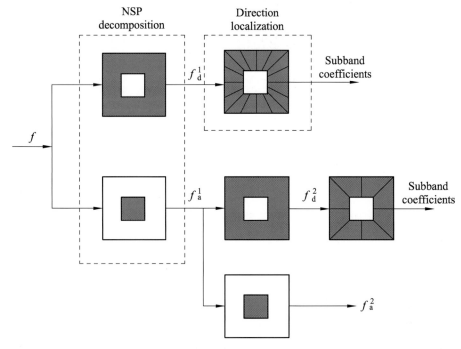

图 7.8  基于区域能量的融合算法的步骤

假设有两个图像 A 和 B，将两个图像都划分成 $n$ 个区域，对于图像 A 的第 $i$ 个区域，其区域能量可以定义为

$$E_{Ai} = \sum (像素强度)^2 \tag{7.18}$$

图像 B 的第 $i$ 个区域能量可以定义为

$$E_{Bi} = \sum (像素强度)^2 \tag{7.19}$$

然后，可以计算每个区域的融合权重，假设 $W_{iA}$ 和 $W_{iB}$ 分别表示图像 A 和 B 的第 $i$ 个区域的融合权重，可以用以下公式计算：

$$\begin{cases} W_{iA} = E_{Ai} / (E_{Ai} + E_{Bi}) \\ W_{iB} = E_{Bi} / (E_{Ai} + E_{Bi}) \end{cases} \tag{7.20}$$

最后，根据各个区域的融合权重，可以得到最后的融合图像。例如，对于第 $i$ 个区域，其融合结果可以用以下公式计算：

$$\text{Fused}_i = W_{iA} \times A_i + W_{iB} \times B_i \tag{7.21}$$

式中，$A_i$ 和 $B_i$ 分别表示图像 A 和 B 的第 $i$ 个区域。

融合实验结果如图 7.9 所示。

（a）左模糊　　　　　　　（b）右模糊　　　　　　　（c）区域能量放大

图 7.9　融合实验结果

6. 深度学习的融合算法

图像融合的概念最早在 20 世纪 80 年代末期引入，那时的技术主要基于传统的图像处理方法，如金字塔方法、波包变换方法等。这些方法通常在特定的应用中工作得很好，但在更广泛的应用中效果不够理想。

1）DFN 算法

随着深度学习和神经网络的快速发展，特别是卷积神经网络（CNN）在特征提取方面的出色表现，基于深度学习的图像融合技术也相继被提出。例如，深度融合网络（DFN）算法的提出标志着图像融合技术已经进入到以深度学习为主导的新阶段。

DFN 的基本任务是将来自多个深度神经网络的输出加权平均，从而实现融合。在实际运行过程中，可以设定一个固定或可学习的权重，以决定对各个网络的依赖程度。DFN 适用于处理同源数据的多模型问题，如把来自同一数据集的不同深度学习模型进行融合。

（1）优点。

① DFN 可以有效结合多个模型的优点，可以获得比单个模型更好的性能。

② DFN 的融合方法相对简单，实践中可以方便实施。

（2）缺点。

① 如果融合的模型间存在高度相关性，可能导致融合效果不佳。

② 融合权重的设定需要仔细调整，或者使用一些技巧如动态权重分配，否则可能无法达到最好的效果。

DFN 可能会采用很多不同的方式进行模型的融合，如通过简单的加权投票，或者更复杂的集成策略。比如，在加权投票中，假设有 $n$ 个模型，每个模型预测的结果为 $y_i$，每个模型的权重为 $w_i$，那么融合后的结果可以表示为 $\sum w_i \cdot y_i$，如图 7.10 和图 7.11 所示。

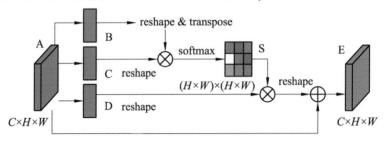

A. Position attention module

图 7.10 DNF 处理过程

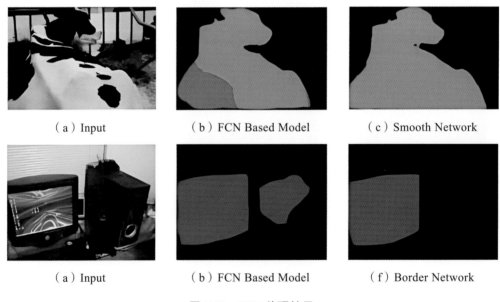

（a）Input　　　　（b）FCN Based Model　　　　（c）Smooth Network

（a）Input　　　　（b）FCN Based Model　　　　（f）Border Network

图 7.11 DNF 处理结果

2）Multi-model Pruning（多模型剪枝）

这是一种在模型训练过程中，按照一定的策略逐步剪除对最后性能贡献不大的模型，最终保留有价值的模型进行集成，从而使最终模型更为精简并降低过拟合的风险。剪枝的标准可以根据实际情况设定，如根据每个模型的性能，将低于某个阈值的模型排除在外。

（1）优点。

① 可以有效降低过拟合，提高模型的泛化能力。

② 通过剪枝可以得到更小的模型，节省存储空间和计算资源。

（2）缺点。

① 剪枝过程可能会导致一些重要信息的丢失。

② 剪枝标准和策略的设定需要一定的先验知识和经验。

多模型剪枝的起源带有一些模糊性，因为这种方法在不同的领域里往往采用不完全相同的方式实现。在神经网络剪枝的环境中，Han 等人在 2015 年的文章里提出了一种通用的剪枝策略，这种策略在实践中被广泛应用。主要的想法是通过剪去一些对模型影响不大的神经元或者参数，以此达到减少模型复杂度和防止过拟合的效果，其过程如图 7.12和图 7.13 所示。剪枝的过程可以通过以下公式表示：

$$|w_{ij}| < \delta$$

式中　$w$——权重；

　　　$i$，$j$——被连接的神经元；

　　　$\delta$——剪枝的阈值。

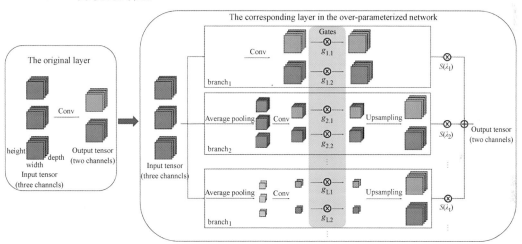

图 7.12　多模型剪枝过程（一）

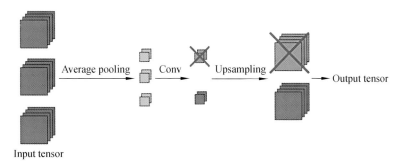

图 7.13　多模型剪枝过程（二）

3）NNC

这是一种利用训练多个神经网络，再将它们的输出融合，以得到最终决策的方法，如图 7.14 所示。从直观上讲，可以将 NNC 想象成一个专家小组，每个专家都是一个独立训练的神经网络。每个专家都会对输入进行分析并给出自己的决策，然后所有的决策会集中起来，以某种方式（例如多数投票）做出最后的决定。

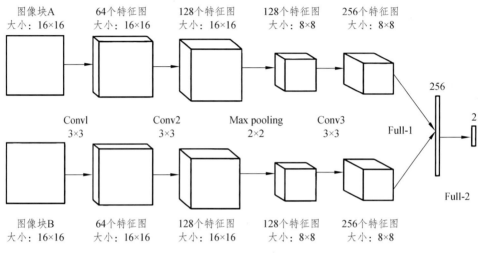

图 7.14　NNC 流程

NNC 是 1996 年由 Tumer 和 Ghosh 提出的。他们的工作主要集中在如何结合一组专家模型（如神经网络）的预测结果以达到最好的预测效果。他们提出了一个模型的组合方法，这个组合方法是基于每个模型在不同的局部区域的预测误差来分配权重。假设有 $n$ 个模型，每个模型的误差为 $e_i$，那么每个模型的权重可以定义为：$w_i = 1/e_i$，因此预测结果就为 $\sum w_i \cdot y_i$。

（1）优点。

① 通过多个神经网络的融合，可以实现更好的学习效果。

② 可以有效降低模型过拟合的风险。

（2）缺点。

① 训练多个神经网络需要消耗更多的资源。

② 如何融合多个神经网络的输出需要谨慎设置。

7. 自动编码器

自动编码器是一种用来进行数据压缩和解压的特殊类型的神经网络。编码器部分将输入数据压缩成一个"编码"，一个远小于原始数据的表示。然后，解码器部分将编码解压回原始数据的尺寸。在图像融合任务中，可以使用自动编码器分别针对不同的源图像学习一个编码，然后将这些编码按一定规则融合，并由解码器解码生成最终的融合图像。自动编码器的训练目标是最小化输入数据及其重构之间的差异。

1）优点

（1）自动编码器能够有效地压缩和解压数据，适合用于特征提取和降维。

（2）自动编码器可以进行无监督学习。

2）缺点

（1）自动编码器往往需要大量数据进行无监督训练。

（2）自动编码器的训练过程可能受到过拟合等问题的困扰。

自动编码器的理论起源可以追溯到 20 世纪 80 年代，但是自动编码器在深度学习的发展过程中得到了重要的推动，特别是 20 世纪 00 年代后期以及 20 世纪 10 年代初，Hinton 等人的研究使得自动编码器有了实质性的发展。

自动编码器包括编码器和解码器两个部分，编码器将输入数据映射为一个编码，解码器将编码再映射回原始空间。

设 $x$ 为原始数据，$z$ 为编码器的输出结果，$x$hat 为解码器的结果，其损失函数的定义为

$$L(x, x_{\text{hat}}) = \|x - x_{\text{hat}}\|^2 \tag{7.22}$$

自动编码器的工作过程如图 7.15 和 7.16 所示。

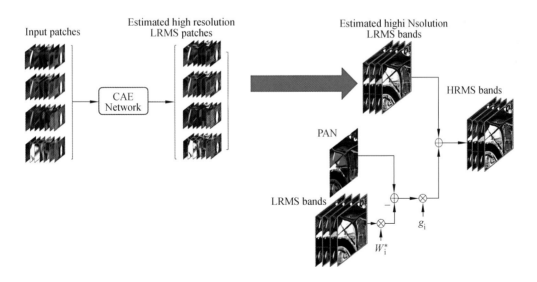

图 7.15　自动编码器的工作过程（一）

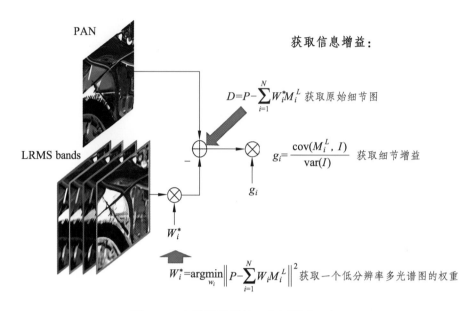

获取信息增益：

$$D=P-\sum_{i=1}^{N}W_i^*M_i^L$$ 获取原始细节图

$$g_i=\frac{\text{cov}(M_i^L,\,I)}{\text{var}(I)}$$ 获取细节增益

$$W_i^*=\underset{w_i}{\text{argmin}}\left\|P-\sum_{i=1}^{N}W_iM_i^L\right\|^2$$ 获取一个低分辨率多光谱图的权重

图 7.16　自动编码器的工作过程（二）

### 8. 生成对抗网络（GAN）

GAN 是一种先进的深度学习技术，它包括两个部分：生成器和判别器。生成器的目标是生成尽可能逼真的图像来"欺骗"判别器，而判别器的目标是尽量准确地区分出真实的和生成的图像。在一个成功训练的 GAN 中，生成器将能够生成和真实图像非常接近的图像。在图像融合任务中，生成器可以学习如何将多个原图像融合成一个新的、逼真的图像。

条件 GAN 基于已加标签的数据集进行训练，可为每个生成的实例指定标签。例如，无条件 MNIST GAN 会生成随机数字，而条件 MNIST GAN 可以指定 GAN 应生成哪个数字。在架构图中，这个标签表示为图 7.17 中的 $y$。

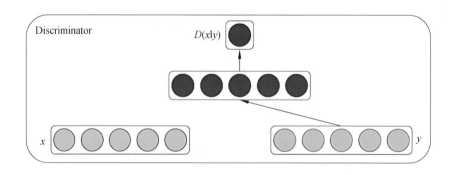

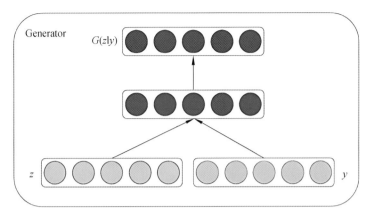

图 7.17　生成对抗网络

1）优点

（1）GAN 可以学习并生成具有高度逼真性的样本。

（2）GAN 理论上可以学习和模仿任何的数据分布。

2）缺点

（1）GAN 的训练过程是具有挑战性的，很难达到收敛。

（2）GAN 可能产生模式崩溃现象，即只生成极少数的样本数据。

生成对抗网络图像处理如图 7.18 所示。

图 7.18　生成对抗网络图像处理

### 7.2.2　SeAFusion 融合网络算法

本项目采用的算法为红外-可见光融合"目标级融合"算法的一种：SeAFusion 融合网络算法，作为一种创新性的图像融合方法，展现了在多种复杂环境中改善可见光和红外图像融合质量的潜力。以下是 SeAFusion 在变电站场景、夜间环境场景和背光环境场景中的适用性。

### 1. 变电站场景

变电站通常涉及大量的人员活动，包括巡检、维护和操作。由于光照条件的变化，可见光图像在某些情况下难以清晰地捕捉到人员的关键特征。通过融合红外信息，SeAFusion 能够在光照较差或背光环境中提供更为清晰、可辨认的人员图像，有助于操作人员更准确地识别和监测人员活动。在变电站中，设备状态的实时监测对于维护和故障排查至关重要。SeAFusion 通过融合可见光和红外信息，弥补了可见光图像在光照复杂环境下的不足，提供了更为清晰、细致的设备图像。这使得操作人员能够更准确地识别设备的运行状态，及时发现潜在问题并采取必要的措施。安全检查在变电站中是一个至关重要的任务，而 SeAFusion 的应用能够显著提高安全检查的精度。融合红外信息的图像不仅在光照条件差的情况下表现出色，而且在语义感知的引导下，对于关键区域的识别更加精准。这对于防止潜在的安全风险和事故具有重要的意义。

### 2. 夜间环境场景

在夜间环境中，可见光图像的表现受到严重限制，因为光线不足难以捕捉到目标的详细信息。SeAFusion 通过融合红外信息，弥补了可见光图像的不足，提供了在暗黑环境中对目标更为清晰的识别。这对于夜间监控、安防和搜索救援等任务具有重要的应用前景。

### 3. 背光环境场景

背光环境常常导致可见光图像中目标区域过曝，使得目标细节难以辨认。SeAFusion 在这种情况下，通过综合红外信息，能够减轻背光引起的问题，提供更均衡、清晰的图像。这在需要面对强逆光的监测任务中，如车辆或人员在逆光中的识别，具备显著的优势。

SeAFusion 在以下关键应用场景也适用。

（1）安全监控与巡检：SeAFusion 在各种环境下提供清晰的图像，有助于电力设施、工业区域等场所的安全监控和定期巡检。

（2）夜间搜索与救援：在夜间或恶劣天气条件下，SeAFusion 能够提供更可靠的图像，支持搜救人员在复杂环境中的搜索工作。

（3）交通监管与识别：在背光或低光条件下，SeAFusion 提供更清晰的交通图像，有助于提高交通监管效果和车辆识别精度。

SeAFusion 的成功应用为未来图像融合技术在更广泛领域的应用提供了启示。未来研究可以进一步探索该技术在医学影像、环境监测和军事领域的潜在应用，并优化算法以适应更多的复杂场景。同时，结合实时性要求，将 SeAFusion 应用于实时视频流处理，以提供更即时的图像融合效果。

### 7.2.3　技术路线

1. **数据收集与预处理**

数据收集与预处理分为两部分。一部分是可见光图像和红外图像获取：收集相关场景下的可见光和红外图像数据，确保数据覆盖不同光照条件和场景。另一部分是数据标注与对齐：进行人员和设备的标注，以便监督学习；确保可见光和红外图像的对齐，以便进行有效的图像融合。

2. **模型设计与网络架构**

设计语义感知的实时图像融合网络，包括图像融合模块和语义分割模块的级联结构。并引入 GRDB，以增强融合网络对细粒度空间细节的描述能力。

3. **网络训练与优化**

将收集的可见光和红外图像数据划分为训练集和测试集。定义联合损失函数，包括语义损失和融合图像的质量损失，以引导网络学习高层语义信息。利用训练集对 SeAFusion 网络进行训练，使用梯度下降优化算法进行参数优化。

4. **性能评估与对比实验**

使用测试集对 SeAFusion 模型进行性能评估，包括图像质量指标和语义分割准确度。将 SeAFusion 与其他图像融合方法进行对比，验证其在不同场景下的优越性。

5. **应用场景测试与优化**

在实际变电站场景中测试 SeAFusion 的性能，特别关注对人员和设备的检查识别效果。根据测试结果对网络进行优化，以适应不同光照和环境条件。

6. **实时性能验证**

在实时场景下测试 SeAFusion 的性能，确保其满足实际应用中的实时性要求。对网络结构或参数进行调整，以保持在实时性能和图像质量之间的平衡。

### 7.2.4　研究过程

基于 MSRS 数据集（可见光与红外图像融合数据集）专门设计用于研究可见光和红

外图像融合算法的开放性数据集。

因实际场景的资源限制、时间限制等，目前没有用实际的场景来进行训练。使用 MSRS 数据集是一个合理的替代选择，因为它提供了丰富的多模态图像，可用于初步验证算法的性能。MSRS 数据集已经包含了多样的场景、光照条件和目标类型，是一个具有挑战性的数据集，适用于初步验证模型的鲁棒性和泛化性能。后续研究将使用现场拍摄的数据集。这可以更好地模拟实际应用场景，确保模型在真实环境中的可靠性。

后续数据集的来源包括：

（1）采集设备：数据集的图像是通过先进的多模态传感器设备采集的，其中包括高分辨率可见光摄像头和红外相机。

（2）场景设置：采集设备放置在包括变电站、背光环境、城市街道、森林和夜间城市等多样化的场景中，以模拟实际应用环境。

如图 7.19 ~ 图 7.21 所示，数据的预处理阶段包括了一系列的步骤，以确保数据的质量、一致性和可用性。分别包括以下处理方法：

（1）图像对齐：可见光图像和红外图像需要进行精准的对齐，以保证后续融合模型的训练和推理的有效性。

（2）数据标注：对数据进行人员和设备的标注，为监督学习提供训练集。标注过程包括对关键目标的边界框标注和语义分割标注。

（3）数据增强：为了增加数据的多样性，采用数据增强技术，包括随机旋转、翻转和缩放，以模拟不同角度和尺度下的图像。

（4）划分数据集：将整个 MSRS 数据集划分为训练集和测试集，以便对模型的性能进行准确的评估。确保在训练和测试集中都包含各种场景和光照条件。

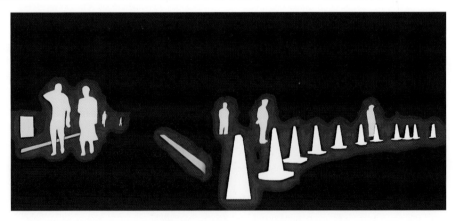

图 7.19　分割数据示意图

图 7.20　红外与可见光数据示意图

图 7.21　红外和可见光数据集示意图

图 7.19 给定一对配准后的红外图像和可见光图像，通过特征提取、融合和重构，在一个定制的损失函数的指导下实现图像融合。因此，融合图像的质量在很大程度上取决于损失函数。为了提高融合性能，设计了一种由内容损失和语义损失组成的联合损失来约束融合网络。感知红外和可见光图像融合算法的总体框架如图 7.22 所示。

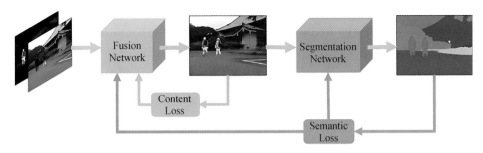

图 7.22　感知红外和可见光图像融合算法

为了实现实时图像融合，提出了一种基于 GRDB 的轻量级红外与可见光图像融合网络，如图 7.23 所示。融合网络由特征提取器和图像重建器组成，其中特征提取器包含两个 GRDB 以提取细粒度特征。

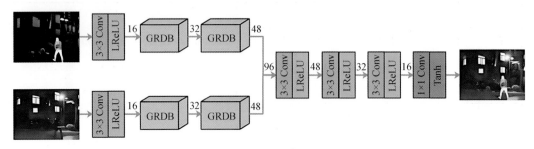

图 7.23 基于 GRDB 的轻量级红外与可见光图像融合网络

特征提取器包括两个并行的红外和可见光特征提取流，并且每个特征提取流包含公共卷积层和两个 GRDB。融合网络采用核大小为 3×3、激活函数为 Leaky 校正线性单元（Leaky Rectified Linear Unit, LReLU）的普通卷积层提取浅层特征。紧接着是两个 GRDB，用于从浅层特征中提取细粒度特征。梯度剩余稠密块是 resblock 的变体，其中主流采用密集连接，而残差流集成梯度操作。

从图 7.24 中可以观察到，主流部署了两个 3×3 的卷积层和一个普通的卷积层，卷积层的核大小为 1×1。在主流中引入了密集连接，充分利用了各个卷积层提取的特征。残差流采用梯度运算计算特征的梯度大小，并采用 1×1 规则卷积层消除信道维数差异。然后，通过逐元素加法将主密集流和残差梯度流的输出相加，以集成深度特征和细粒度细节特征。然后，采用拼接策略对红外和可见光图像的细粒度特征进行融合，并将融合结果送入图像重构器，实现特征聚

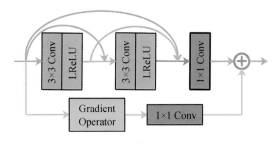

图 7.24 特征提取器

合和图像重构。该图像重建器由三层 3×3 卷积层和一层 1×1 卷积层组成。所有 3×3 卷积层都使用 LReLU 作为激活函数，而 1×1 卷积层的激活函数是 Tanh。

众所周知，在图像融合任务中，信息丢失是一个灾难性的问题。因此，在这个融合网络中的填充被设置为相同，并且除了 1×1 卷积层之外，跨距被设置为 1。结果表明，该网络不引入任何降采样，融合后的图像大小与源图像一致。

### 7.2.5 网络训练与优化

训练的过程中使用的环境配置的参数见表 7.1。

表 7.1 环境配置相关参数

| 硬件环境 | | 软件环境 | |
|---|---|---|---|
| CPU | Intel(R)Core(TM)i7-6700CPU@3.40 GHz | 操作系统 | Ubuntu 18.04 |
| GPU | NVIDIA GeForce RTX3090 | 运算平台 | CUDA11.2 + cuDNN8 |
| 内存 | 16 GB | 开发语言 | Python 3.7 |
| 显存 | 24 GB | 深度学习框架 | Pytorch |
| 硬盘 | 1 T | 开发工具 | Pycharm |

为了保证数据的随机性，对整个数据集进行随机打乱。这有助于防止数据的顺序性对模型训练的影响。将打乱后的数据集按照比例进行划分，确保训练集占总数据集的70%，测试集占 30%。确保训练集和测试集中都包含了各种场景、光照条件和目标类型，以保证模型的泛化能力。

损失函数：解释所选择的联合损失函数，以及语义损失和图像质量损失的权衡。

优化算法：说明使用的优化算法和训练过程中的任何调整。

通过加载训练数据，将其传递给 SeAFusion 模型，计算损失，并通过反向传播和优化器来更新模型参数。重复这个过程多个周期，直到模型收敛。总共训练了 250 轮次，训练情况如图 7.25 ~ 图 7.30 所示。

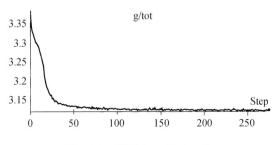

图 7.25 训练 loss 图（一）

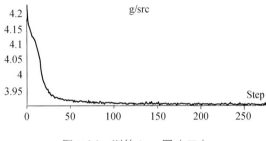

图 7.26 训练 loss 图（二）

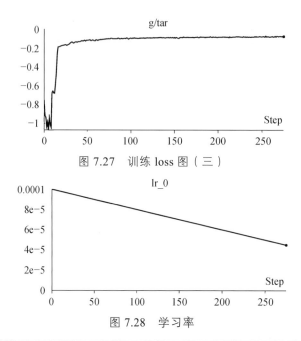

图 7.27 训练 loss 图（三）

图 7.28 学习率

图 7.29 训练分割掩模图

图 7.30 训练融合图像图

## 7.3 红外-可见光融合"目标级融合"算法测试应用

在进行 SeAFusion 模型的测试时，测试用例的设计至关重要。每个测试用例应该涵盖不同的场景和情况，以全面评估模型的性能。

### 7.3.1 基本功能测试

1. 描　述

确保 SeAFusion 模型能够正确执行基本的融合功能，生成可见光和红外光的高质量融合图像。

2. 步　骤

（1）输入一对标准可见光图像和对应的红外图像。

（2）执行 SeAFusion 模型的前向传播。

（3）检查生成的融合图像是否保留了目标的关键细节，并在视觉上自然。

3. 预期结果

生成的融合图像应该在视觉上保持高质量，确保不损失关键的可见光和红外信息。

### 7.3.2 光照变化测试

1. 描　述

评估模型在不同光照条件下的表现，确保其对于光照变化的鲁棒性。

2. 步　骤

（1）选择具有明显光照变化的图像对。

（2）执行 SeAFusion 模型的前向传播。

（3）检查生成的融合图像是否能够有效融合可见光和红外图像的信息，减轻光照变化对于识别的影响。

3. 预期结果

生成的融合图像应该在光照变化的情况下具有稳健的性能，能够维持对目标的准确描述。

### 7.3.3 复杂场景测试

1. 描　述

测试模型在复杂场景中的性能，包括背景复杂、目标遮挡等情况。

2. 步　骤

（1）选择包含复杂背景和目标遮挡的图像对。

（2）执行 SeAFusion 模型的前向传播。

（3）检查生成的融合图像是否能够处理复杂场景，准确反映目标的位置和特征。

3. 预期结果

生成的融合图像应该能够在复杂场景中保持对目标的良好可见性，尽量减少背景干扰。

### 7.3.4　实时性能测试

1. 描　述

评估 SeAFusion 模型的实时性能，确保在实际应用中能够满足实时性要求。

2. 步　骤

（1）使用具有不同分辨率的图像对进行测试。

（2）记录 SeAFusion 模型前向传播的时间。

（3）分析模型在不同分辨率下的表现。

3. 预期结果

SeAFusion 模型应该能够在合理的时间内生成高质量的融合图像，以满足实时应用的要求。

### 7.3.5　源代码实例

```
# coding: utf-8
import os
import argparse
import time
import numpy as np
# os.environ['CUDA_VISIBLE_DEVICES'] = '2'
import torch
import torch.nn.functional as F
from torch.autograd import Variable
from torch.utils.data import DataLoader
```

```python
from model_TII import BiSeNet
from TaskFusion_dataset import Fusion_dataset
from FusionNet import FusionNet
from tqdm import tqdm
from torch.autograd import Variable
from PIL import Image
#这个是只做图像融合的
# To run, set the fused_dir, and the val path in the TaskFusionDa
taset.py
def main():
    fusion_model_path = './model/Fusion/fusionmodel_final.pth'# 载
入权重用于预测
    fusionmodel = eval('FusionNet')(output=1)#载入模型用于预测
    device = torch.device("cuda:{}".format(args.gpu) if torch.cuda.
is_available() else "cpu")#载入计算机
    if args.gpu >= 0:
        fusionmodel.to(device)
    fusionmodel.load_state_dict(torch.load(fusion_model_path))# 载
入权重用于预测
    print('fusionmodel load done!')
    ir_path = './test_imgs/ir'
    vi_path = './test_imgs/vi'
    test_dataset = Fusion_dataset('val', ir_path=ir_path, vi_path=
vi_path)
    # test_dataset = Fusion_dataset('val'), 以上都是做成数据集来用
    #这里分好了哪些 batch, 便于预测为什么要一个 batch 一个来, 因为这样节
省代码, 一般为 1
    test_loader = DataLoader(
        dataset=test_dataset,
        batch_size=args.batch_size,
        shuffle=False,
        num_workers=args.num_workers,
        pin_memory=True,
```

```
            drop_last=False,
        )
    test_loader.n_iter = len(test_loader)#12，刚好是数据集合的长度
    #以下开始预测，不带梯度的，节省时间，节省代码
    with torch.no_grad(): #输入进来的是标准化图片，没有数值 255 的，都
是零点几的
        for it, (images_vis, images_ir, name) in enumerate(test_
loader):#dataloader 可以得到一个迭代器,在自定义的 dataset 设置 return 就行，
根据顺序返回
            images_vis = Variable(images_vis)
            images_ir = Variable(images_ir)
            if args.gpu >= 0:
                images_vis = images_vis.to(device)
                images_ir = images_ir.to(device)
            images_vis_ycrcb = RGB2YCrCb(images_vis)
            logits = fusionmodel(images_vis_ycrcb, images_ir)#自动调
用 forward，因为这里重载了，然后输出的灰度图
            #分离出 vis 的 1~2 通道，分离出 2 通道，根据融合图像得到，连接
第 2 个维度（dim 从 0 开始），就是本是三个 1 通道，结果变 3 通道了
            fusion_ycrcb = torch.cat(#做的是将非灰度的颜色输入到原来的
地方，变成彩色
                (logits, images_vis_ycrcb[:, 1: 2, :, :], images_
vis_ycrcb[:, 2:, :, :]),
                dim=1,
            )
            #这里开始融合完毕，下面都是处理
            fusion_image = YCrCb2RGB(fusion_ycrcb)#将结果也做一个变
换 ycrcb
            #实验证明，以下的步骤对融合图像没有很大影响，现在就可以使用了
            ones = torch.ones_like(fusion_image)
            zeros = torch.zeros_like(fusion_image)
            #形成两个 1 与 0 矩阵，便于后续处理
            fusion_image = torch.where(fusion_image > ones, ones,
```

```
fusion_image)
                fusion_image = torch.where(fusion_image < zeros, zeros,
fusion_image)
                fused_image = fusion_image.cpu().numpy()#转为 array 格式
                fused_image = fused_image.transpose((0, 2, 3, 1))#就是
从(1, 3, 480, 640)变为(1, 480, 640, 3), 标准以下 array 的转换
                #标准化, 实验表明, 注释没有发生太大变化, 但一开始输入进来就是
标准化图片
                fused_image = (fused_image - np.min(fused_image)) / (
                    np.max(fused_image) - np.min(fused_image)
                )
                #只有 test 采用, 因为在训练的时候需要输出, 255 因为正则化了,
所以×255, 因为原图像经过了正则化, 不×255 会全黑
                fused_image = np.uint8(255.0 * fused_image)
                #下面都是输出融合结果的
                for k in range(len(name)): #在这里恒为 k=1
                    image = fused_image[k, :, :, :]#删第一维度的东西,
k=0

                    image = Image.fromarray(image)#array——》image
                    save_path = os.path.join(fused_dir, name[k])
                    image.save(save_path)
                    print('Fusion {0} Sucessfully!'.format(save_path))
    def YCrCb2RGB(input_im):
        device = torch.device("cuda:{}".format(args.gpu) if torch.cuda.
is_available() else "cpu")
        im_flat = input_im.transpose(1, 3).transpose(1, 2).reshape(-1, 3)
        mat = torch.tensor(
            [[1.0, 1.0, 1.0], [1.403, -0.714, 0.0], [0.0, -0.344, 1.773]]
        ).to(device)
        bias = torch.tensor([0.0 / 255, -0.5, -0.5]).to(device)
        temp = (im_flat + bias).mm(mat).to(device)
        out = (
            temp.reshape(
```

```
                    list(input_im.size())[0],
                    list(input_im.size())[2],
                    list(input_im.size())[3],
                    3,
                )
                .transpose(1, 3)
                .transpose(2, 3)
            )
        return out
    def RGB2YCrCb(input_im):
        device = torch.device("cuda: {}".format(args.gpu) if torch.
cuda.is_available() else "cpu")
        im_flat = input_im.transpose(1, 3).transpose(1, 2).reshape(-1,
3)  # (nhw, c)
        R = im_flat[: , 0]
        G = im_flat[: , 1]
        B = im_flat[: , 2]
        Y = 0.299 * R + 0.587 * G + 0.114 * B
        Cr = (R - Y) * 0.713 + 0.5
        Cb = (B - Y) * 0.564 + 0.5
        Y = torch.unsqueeze(Y, 1)
        Cr = torch.unsqueeze(Cr, 1)
        Cb = torch.unsqueeze(Cb, 1)
        temp = torch.cat((Y, Cr, Cb), dim=1).to(device)
        out = (
            temp.reshape(
                list(input_im.size())[0],
                list(input_im.size())[2],
                list(input_im.size())[3],
                3,
            )
            .transpose(1, 3)
            .transpose(2, 3)
```

```
        )
        return out
    if __name__ == '__main__':
        parser = argparse.ArgumentParser(description='Run  SeAFusiuon
with pytorch')
        parser.add_argument('--model_name', '-M', type=str, default='
SeAFusion')
        parser.add_argument('--batch_size', '-B', type=int, default=1)
        parser.add_argument('--gpu', '-G', type=int, default=-1)
        parser.add_argument('--num_workers', '-j', type=int, defaull=8)
        args = parser.parse_args()
        #以上都是参数的获取过程，都存在 args 中
        n_class = 9
        seg_model_path = './model/Fusion/model_final.pth'
        fusion_model_path = './model/Fusion/fusionmodel_final.pth'
        fused_dir = './Fusion_results'
        os.makedirs(fused_dir, mode=0o777, exist_ok=True)
        print('| testing %s on GPU #%d with pytorch' % (args.model_name,
args.gpu))
        main()。
```

FusionNet：*存着在融合网络的结构*

```
# coding: utf-8
import torch
import torch.nn as nn
import torch.nn.functional as F
import numpy as np
#本库是融合模型用的
#非第最后融合输入的
class ConvBnLeakyRelu2d(nn.Module):
    # convolution
    # batch normalization
    # leaky relu
    def __init__(self, in_channels, out_channels, kernel_size=3,
```

```python
padding=1, stride=1, dilation=1, groups=1):
        super(ConvBnLeakyRelu2d, self).__init__()
        #64 32
         self.conv = nn.Conv2d(in_channels, out_channels, kernel_
size=kernel_size, padding=padding, stride=stride, dilation=dilation,
groups=groups)
        self.bn   = nn.BatchNorm2d(out_channels)
    def forward(self, x):
        return F.leaky_relu(self.conv(x), negative_slope=0.2)
#最后融合输出的
class ConvBnTanh2d(nn.Module):
    def __init__(self, in_channels, out_channels, kernel_size=3,
padding=1, stride=1, dilation=1, groups=1):
        super(ConvBnTanh2d, self).__init__()
        self.conv = nn.Conv2d(in_channels, out_channels, kernel_
size=kernel_size, padding=padding, stride=stride, dilation=dilation,
groups=groups)
        self.bn   = nn.BatchNorm2d(out_channels)
    def forward(self, x):
        return torch.tanh(self.conv(x))/2+0.5
#第1.1 激活函数为 Leaky 整流线性单元(LReLU)，用于特征提取
class ConvLeakyRelu2d(nn.Module):
    # convolution
    # leaky relu
    def __init__(self, in_channels, out_channels, kernel_size=3,
padding=1, stride=1, dilation=1, groups=1):
        super(ConvLeakyRelu2d, self).__init__()
    self.conv = nn.Conv2d(in_channels, out_channels, kernel_size=
kernel_size, padding=padding, stride=stride, dilation=dilation, groups=
groups)
        # self.bn   = nn.BatchNorm2d(out_channels)
    def forward(self, x):
        # print(x.size())
```

```
            return F.leaky_relu(self.conv(x), negative_slope=0.2)
    #RGBD 的 GO 卷积
    class Sobelxy(nn.Module):
        def __init__(self, channels, kernel_size=3, padding=1, stride=1,
dilation=1, groups=1):
            super(Sobelxy, self).__init__()
            sobel_filter = np.array([[1, 0, -1],
                                     [2, 0, -2],
                                     [1, 0, -1]])
            self.convx=nn.Conv2d(channels, channels, kernel_size=kernel_
size, padding=
    padding, stride=stride, dilation=dilation, groups=channels, bias=
False)
            self.convx.weight.data.copy_(torch.from_numpy(sobel_filter))
            self.convy=nn.Conv2d(channels, channels, kernel_size=kernel_
            size, padding=
    padding,  stride=stride,  dilation=dilation,  groups=channels ,
bias=False)

self.convy.weight.data.copy_(torch.from_numpy(sobel_filter.T))
        def forward(self, x):
            sobelx = self.convx(x)
            sobely = self.convy(x)
            x=torch.abs(sobelx) + torch.abs(sobely)
            return x
    #RGBD 的 1*1 卷积
    class Conv1(nn.Module):
        def __init__(self, in_channels, out_channels, kernel_size=1,
padding=0, stride=1, dilation=1, groups=1):
            super(Conv1, self).__init__()
            self.conv = nn.Conv2d(in_channels, out_channels, kernel_
size=kernel_size, padding=padding, stride=stride, dilation=dilation,
groups=groups)
```

```python
    def forward(self, x):
        return self.conv(x)
#RGBD 的 3*3 卷积
class DenseBlock(nn.Module):
    def __init__(self, channels):
        super(DenseBlock, self).__init__()
        self.conv1 = ConvLeakyRelu2d(channels, channels)
        self.conv2 = ConvLeakyRelu2d(2*channels, channels)
        # self.conv3 = ConvLeakyRelu2d(3*channels, channels)
    def forward(self, x): #跳跃连接, 用 cat 函数
        x=torch.cat((x, self.conv1(x)), dim=1)
        x = torch.cat((x, self.conv2(x)), dim=1)
        # x = torch.cat((x, self.conv3(x)), dim=1)
        return x
#.2 与 .3 RGBD 层, 细粒度提取的
class RGBD(nn.Module):
    def __init__(self, in_channels, out_channels):
        super(RGBD, self).__init__()
        self.dense =DenseBlock(in_channels)
        self.convdown=Conv1(3*in_channels, out_channels)
        self.sobelconv=Sobelxy(in_channels)
        self.convup =Conv1(in_channels, out_channels)
    def forward(self, x):
        x1=self.dense(x)
        x1=self.convdown(x1)
        x2=self.sobelconv(x)
        x2=self.convup(x2)
        return F.leaky_relu(x1+x2, negative_slope=0.1)
#继承 nn.module
class FusionNet(nn.Module):
    def __init__(self, output):
        super(FusionNet, self).__init__()#返回的 FusionNet 的直接父类
        vis_ch = [16, 32, 48]
```

```python
        inf_ch = [16，32，48]
        output=1
        self.vis_conv=ConvLeakyRelu2d(1, vis_ch[0])
        self.vis_rgbd1=RGBD(vis_ch[0], vis_ch[1])
        self.vis_rgbd2 = RGBD(vis_ch[1], vis_ch[2])
        # self.vis_rgbd3 = RGBD(vis_ch[2], vis_ch[3])
        self.inf_conv=ConvLeakyRelu2d(1, inf_ch[0])
        self.inf_rgbd1 = RGBD(inf_ch[0], inf_ch[1])
        self.inf_rgbd2 = RGBD(inf_ch[1], inf_ch[2])
        # self.inf_rgbd3 = RGBD(inf_ch[2], inf_ch[3])
      # self.decode5 = ConvBnLeakyRelu2d(vis_ch[3]+inf_ch[3], vis_
ch[2]+inf_ch[2])
        self.decode4 = ConvBnLeakyRelu2d(vis_ch[2]+inf_ch[2], vis_
ch[1]+vis_ch[1])
         self.decode3 = ConvBnLeakyRelu2d(vis_ch[1]+inf_ch[1], vis_
ch[0]+inf_ch[0])#
    64，32
        self.decode2 = ConvBnLeakyRelu2d(vis_ch[0]+inf_ch[0], vis_
ch[0])
        self.decode1 = ConvBnTanh2d(vis_ch[0], output)
    def forward(self, image_vis，image_ir):
        # split data into RGB and INF，输入两个图片，双流的，ir1 通道，
vis3 通道
        x_vis_origin = image_vis[:，:，1]#只取 1 通道的，还只拿第一个通
道的，什么颜色
        x_inf_origin = image_ir
        # encode
        x_vis_p=self.vis_conv(x_vis_origin)#16
        x_vis_p1=self.vis_rgbd1(x_vis_p)#32
        x_vis_p2=self.vis_rgbd2(x_vis_p1)#48
        # x_vis_p3=self.vis_rgbd3(x_vis_p2)
        x_inf_p=self.inf_conv(x_inf_origin)
        x_inf_p1=self.inf_rgbd1(x_inf_p)
```

```python
            x_inf_p2=self.inf_rgbd2(x_inf_p1)
            # x_inf_p3=self.inf_rgbd3(x_inf_p2)
            # decode，融合将其维度1都剪切到一起，48+48=96
            x=self.decode4(torch.cat((x_vis_p2, x_inf_p2), dim=1))#96-》64
            # x=self.decode4(x)
            x=self.decode3(x)#64-》32
            x=self.decode2(x)#32-》16
            x=self.decode1(x)#1
            return x
    def unit_test():  #测试融合模块有没有问题
        import numpy as np
        x = torch.tensor(np.random.rand(2, 4, 480, 640).astype(np.
float32))
        model = FusionNet(output=1)
        y = model(x)
        print('output shape: ', y.shape)
        assert y.shape == (2, 1, 480, 640), 'output shape (2, 1, 480,
640) is expected!'
        print('test ok!')
    if __name__ == '__main__':
        unit_test()
    loss: 存着融合与分割网络的计算方式#!/usr/bin/python
    # -*- encoding: utf-8 -*-
    import torch
    import torch.nn as nn
    import torch.nn.functional as F
    import numpy as np
    class OhemCELoss(nn.Module):
        def __init__(self, thresh, n_min, ignore_lb=255, *args, **
kwargs):
            super(OhemCELoss, self).__init__()
            self.thresh = - torch.log(torch.tensor(thresh, dtype=torch
.float)).cuda()#阈值, 0, 7
```

```python
        self.n_min = n_min
        self.ignore_lb = ignore_lb
        self.criteria = nn.CrossEntropyLoss(ignore_index=ignore_lb,
reduction='none')
    def forward(self, logits, labels):
        N, C, H, W = logits.size()
        loss = self.criteria(logits, labels).view(-1)
        loss, _ = torch.sort(loss, descending=True)
        if loss[self.n_min] > self.thresh:
            loss = loss[loss>self.thresh]#大取大
        else:
            loss = loss[: self.n_min]#否则取小
        return torch.mean(loss)#返回平均值
    #0
class SoftmaxFocalLoss(nn.Module):
    def __init__(self, gamma, ignore_lb=255, *args, **kwargs):
        super(FocalLoss, self).__init__()
        self.gamma = gamma
        self.nll = nn.NLLLoss(ignore_index=ignore_lb)
    def forward(self, logits, labels):
        scores = F.softmax(logits, dim=1)
        factor = torch.pow(1.-scores, self.gamma)
        log_score = F.log_softmax(logits, dim=1)
        log_score = factor * log_score
        loss = self.nll(log_score, labels)
        return loss
    #0
class NormalLoss(nn.Module):
    def __init__(self, ignore_lb=255, *args, **kwargs):
        super( NormalLoss, self).__init__()
        self.criteria = nn.CrossEntropyLoss(ignore_index=ignore_lb,
reduction='none')
    def forward(self, logits, labels):
```

```python
        N, C, H, W = logits.size()
        loss = self.criteria(logits, labels)
        return torch.mean(loss)
#融合的loss
class Fusionloss(nn.Module):
    def __init__(self):
        super(Fusionloss, self).__init__()
        self.sobelconv=Sobelxy()        #考虑到了label
    def forward(self, image_vis, image_ir, labels, generate_img, i):
        image_y=image_vis[: ,: 1,: ,: ]
        x_in_max=torch.max(image_y, image_ir)
        loss_in=F.l1_loss(x_in_max, generate_img)
        #以上是强度损失
        y_grad=self.sobelconv(image_y)
        ir_grad=self.sobelconv(image_ir)
        generate_img_grad=self.sobelconv(generate_img)
        x_grad_joint=torch.max(y_grad, ir_grad)
        loss_grad=F.l1_loss(x_grad_joint, generate_img_grad)
        loss_total=loss_in+10*loss_grad
        return loss_total, loss_in, loss_grad
#sobel算子，服务于融合loss
class Sobelxy(nn.Module):
    def __init__(self):
        super(Sobelxy, self).__init__()
        #初始化卷积核
        kernelx = [[-1, 0, 1],
                   [-2,0 , 2],
                   [-1, 0, 1]]
        kernely = [[1, 2, 1],
                   [0, 0 , 0],
                   [-1, -2, -1]]
        kernelx = torch.FloatTensor(kernelx).unsqueeze(0).unsqueeze(0)
        kernely = torch.FloatTensor(kernely).unsqueeze(0).unsqueeze(0)
```

```python
        self.weightx = nn.Parameter(data=kernelx, requires_grad=
False).cuda()
        self.weighty = nn.Parameter(data=kernely, requires_grad=
False).cuda()
    def forward(self, x):
        sobelx=F.conv2d(x, self.weightx, padding=1)
        sobely=F.conv2d(x, self.weighty, padding=1)
        return torch.abs(sobelx)+torch.abs(sobely)#绝对值
if __name__ == '__main__':
    pass
```

model_TII.py：存着分割网络的：

```python
#!/usr/bin/python
# -*- encoding: utf-8 -*-
import torch
import torch.nn as nn
import torch.nn.functional as F
#import torchvision
from resnet import Resnet18
# from modules.bn import InPlaceABNSync as BatchNorm2d
#relu 模块
class ConvBNReLU(nn.Module):
    def __init__(self, in_chan, out_chan, ks=3, stride=1, padding=1,
*args, **kwargs):
        super(ConvBNReLU, self).__init__()
        self.conv = nn.Conv2d(in_chan,
                out_chan,
                kernel_size = ks,
                stride = stride,
                padding = padding,
                bias = False)
        self.bn = nn.BatchNorm2d(out_chan)
        self.init_weight()
    def forward(self, x):
```

```python
        x = self.conv(x)#3*3
        x = self.bn(x)
        x = F.leaky_relu(x)
        return x
    def init_weight(self):
        for ly in self.children():
            if isinstance(ly, nn.Conv2d):
                nn.init.kaiming_normal_(ly.weight, a=1)
                if not ly.bias is None:  nn.init.constant_(ly.bias, 0)
#arm层的上部分
class ConvBNSig(nn.Module):
    def __init__(self, in_chan, out_chan, ks=3, stride=1, padding=1,
*args, **kwargs):
        super(ConvBNSig, self).__init__()
        self.conv = nn.Conv2d(in_chan,
                out_chan,
                kernel_size = ks,
                stride = stride,
                padding = padding,
                bias = False)
        self.bn = nn.BatchNorm2d(out_chan)
        self.sigmoid_atten = nn.Sigmoid()
        self.init_weight()
    def forward(self, x):
        x = self.conv(x)
        x = self.bn(x)
        x = self.sigmoid_atten(x)
        return x
    def init_weight(self):
        for ly in self.children():
            if isinstance(ly, nn.Conv2d):
                nn.init.kaiming_normal_(ly.weight, a=1)
                if not ly.bias is None: nn.init.constant_(ly.bias, 0)
```

```python
#输出层的使用
class BiSeNetOutput(nn.Module):
    def __init__(self, in_chan, mid_chan, n_classes, *args, **kwargs):
        super(BiSeNetOutput, self).__init__()
        self.conv = ConvBNReLU(in_chan, mid_chan, ks=3, stride=1, padding=1)#3*3
        self.conv_out = nn.Conv2d(mid_chan, n_classes, kernel_size=1, bias=False)
        self.init_weight()
    def forward(self, x):
        x = self.conv(x)#relu操作
        x = self.conv_out(x)#1*1卷积，改变大小
        return x
    def init_weight(self):
        for ly in self.children():
            if isinstance(ly, nn.Conv2d):
                nn.init.kaiming_normal_(ly.weight, a=1)
                if not ly.bias is None: nn.init.constant_(ly.bias, 0)
    def get_params(self):
        wd_params, nowd_params = [], []
        for name, module in self.named_modules():
            if isinstance(module, nn.Linear) or isinstance(module, nn.Conv2d):
                wd_params.append(module.weight)
                if not module.bias is None:
                    nowd_params.append(module.bias)
            elif isinstance(module, nn.BatchNorm2d):
                nowd_params += list(module.parameters())
        return wd_params, nowd_params
#没用到
class Attentionout(nn.Module):
    def __init__(self, out_chan, *args, **kwargs):
```

```python
        super(Attentionout, self).__init__()
        self.conv_atten = nn.Conv2d(out_chan, out_chan, kernel_size=
1, bias=False)
        self.bn_atten = nn.BatchNorm2d(out_chan)
        self.sigmoid_atten = nn.Sigmoid()
        self.init_weight()
    def forward(self, x):
        atten = self.conv_atten(x)
        atten = self.bn_atten(atten)
        atten = self.sigmoid_atten(atten)
        out = torch.mul(x, atten)
        x = x+out
        return out
    def init_weight(self):
        for ly in self.children():
            if isinstance(ly, nn.Conv2d):
                nn.init.kaiming_normal_(ly.weight, a=1)
                if not ly.bias is None: nn.init.constant_(ly.bias, 0)
    #arm
    class AttentionRefinementModule(nn.Module):
        def __init__(self, in_chan, out_chan, *args, **kwargs):
            super(AttentionRefinementModule, self).__init__()
            self.conv = ConvBNReLU(in_chan, out_chan, ks=3, stride=1,
padding=1)
            self.conv_atten = nn.Conv2d(out_chan, out_chan, kernel_size=
1, bias=False)
            self.bn_atten = nn.BatchNorm2d(out_chan)
            self.sigmoid_atten = nn.Sigmoid()
            self.init_weight()
        def forward(self, x):
            feat = self.conv(x)
            atten = F.avg_pool2d(feat, feat.size()[2: ])
            atten = self.conv_atten(atten)
```

```
        atten = self.bn_atten(atten)
        atten = self.sigmoid_atten(atten)
        out = torch.mul(feat, atten)
        return out
    def init_weight(self):
        for ly in self.children():
            if isinstance(ly, nn.Conv2d):
                nn.init.kaiming_normal_(ly.weight, a=1)
                if not ly.bias is None: nn.init.constant_(ly.bias, 0)
#没用到
class SAR(nn.Module):
    def __init__(self, in_chan, mid, out_chan, *args, **kwargs):
        super(SAR, self).__init__()
        self.conv1 = ConvBNReLU(in_chan, out_chan, 3, 1, 1)
        self.conv_reduce = ConvBNReLU(in_chan, mid, 1, 1, 0)
        self.conv_atten = nn.Conv2d(2, 1, kernel_size= 3, padding=1,
bias=False)
        self.bn_atten = nn.BatchNorm2d(1)
        self.sigmoid_atten = nn.Sigmoid()
    def forward(self, x):
        x_att = self.conv_reduce(x)
        low_attention_mean = torch.mean(x_att, 1, True)
        low_attention_max = torch.max(x_att, 1, True)[0]
        low_attention = torch.cat([low_attention_mean,low_attention_
    max], dim=1)
        spatial_attention = self.conv_atten(low_attention)
        spatial_attention = self.bn_atten(spatial_attention)
        spatial_attention = self.sigmoid_atten(spatial_attention)
        x = x*spatial_attention
        x = self.conv1(x)
        #channel attention
#        low_refine = self.conv_ca_rf(low_refine)
        return x
```

```python
    def init_weight(self):
        for ly in self.children():
            if isinstance(ly, nn.Conv2d):
                nn.init.kaiming_normal_(ly.weight, a=1)
                if not ly.bias is None: nn.init.constant_(ly.bias, 0)
#没用到
class SeparableConvBnRelu(nn.Module):
    def __init__(self, in_channels, out_channels, kernel_size=1,
stride=1,
                 padding=0, dilation=1):
        super(SeparableConvBnRelu, self).__init__()
        self.conv1 = nn.Conv2d(in_channels, in_channels, kernel_
size, stride,
                               padding, dilation, groups=in_channels,
                               bias=False)
        self.point_wise_cbr = ConvBNReLU(in_channels, out_channels,
1, 1, 0)
        self.init_weight()
    def forward(self, x):
        x = self.conv1(x)
        x = self.point_wise_cbr(x)
        return x
    def init_weight(self):
        for ly in self.children():
            if isinstance(ly, nn.Conv2d):
                nn.init.kaiming_normal_(ly.weight, a=1)
                if not ly.bias is None: nn.init.constant_(ly.bias, 0)
#语义路径
class ContextPath(nn.Module):
    def __init__(self, *args, **kwargs):
        super(ContextPath, self).__init__()
        self.resnet = Resnet18()
#        self.conv_32 = ConvBNReLU(512, 128, ks=3, stride=1,
```

```python
                                                          padding=1)
    #                self.conv_16 = ConvBNReLU(256, 128, ks=3, stride=1,
padding=1)
    #                self.conv_8 = ConvBNReLU(128, 128, ks=3, stride=1,
padding=1)
            self.arm32 = AttentionRefinementModule(512, 128)
            self.arm16 = AttentionRefinementModule(256, 128)
            self.arm8 = AttentionRefinementModule(128, 128)
            self.sp16 = ConvBNReLU(256, 128, ks=1, stride=1, padding=0)
            self.sp8 = ConvBNReLU(256, 128, ks=1, stride=1, padding=0)
            self.conv_head32 = ConvBNReLU(128, 128, ks=3, stride=1,
padding=1)
            self.conv_head16 = ConvBNReLU(128, 128, ks=3, stride=1,
padding=1)
    #                self.conv_avg = ConvBNReLU(512, 128, ks=1, stride=1,
padding=0)
    #            self.conv_context = ConvBNReLU(512, 128, ks=1, stride=1,
padding=0)
            self.conv_fuse1 = ConvBNSig(128 128, ks=1, stride=1, p
adding=0)

self.conv_fuse2 = ConvBNSig(128, 128, ks=1, stride=1, p
adding=0)
            self.conv_fuse = ConvBNReLU(128, 128, ks=1, stride=1,
padding=0)
            self.init_weight()
        def forward(self, x):
            H0, W0 = x.size()[2: ]
            _, feat8, feat16, feat32 = self.resnet(x)#x 本身、1/8、1/16、
1/32
            H8, W8 = feat8.size()[2: ]
            H16, W16 = feat16.size()[2: ]
            H32, W32 = feat32.size()[2: ]
```

```python
#        avg = F.avg_pool2d(feat32, feat32.size()[2: ])
#        avg = self.conv_avg(avg)
#        avg_up = F.interpolate(avg, (H8, W8), mode='nearest')
        feat32_arm = self.arm32(feat32)#32 的 arm 取 feature
        feat32_cat = F.interpolate(feat32_arm, (H8, W8), mode='bilinear')
#        feat32_sum = feat32_arm + avg_up
        feat32_up = F.interpolate(feat32_arm, (H16, W16), mode='bilinear')
        feat32_up = self.conv_head32(feat32_up)
        feat16_arm = self.arm16(feat16)#16 的 arm 取 feature
        feat16_cat = torch.cat([feat32_up，feat16_arm], dim=1)
        feat16_cat = self.sp16(feat16_cat)
        feat16_cat = F.interpolate(feat16_cat, (H8, W8), mode='bilinear')
        feat16_up = F.interpolate(feat16_arm, (H8, W8), mode='bilinear')
        feat16_up = self.conv_head16(feat16_up)
        feat8_arm = self.arm8(feat8)#8 的 arm 取 feature
        feat8_cat = torch.cat([feat16_up，feat8_arm], dim=1)
        feat8_cat = self.sp8(feat8_cat)
feat16_atten = self.conv_fuse1(feat32_cat)
        feat16_cat = feat16_atten*feat16_cat#16 层的 arm 输出
        feat8_atten = self.conv_fuse2(feat16_cat)
        feat8_out = feat8_cat*feat8_atten#8 层的 arm 输出
#        feat8_out = torch.cat([feat8_cat, feat16_cat, feat32_cat]，dim=1)
        feat8_out = self.conv_fuse(feat8_out)#做了一个空间的操作
        return feat8_out, feat16_arm, feat32_arm # x8, x8, x16
    def init_weight(self):
        for ly in self.children():
            if isinstance(ly, nn.Conv2d):
                nn.init.kaiming_normal_(ly.weight, a=1)
```

```python
                if not ly.bias is None: nn.init.constant_(ly.bias, 0)
    def get_params(self):
        wd_params, nowd_params = [], []
        for name, module in self.named_modules():
            if isinstance(module, (nn.Linear, nn.Conv2d)):
                wd_params.append(module.weight)
                if not module.bias is None:
                    nowd_params.append(module.bias)
            elif isinstance(module, nn.BatchNorm2d):
                nowd_params += list(module.parameters())
        return wd_params, nowd_params
'''

### This is not used, since I replace this with the resnet feature
with the same size
class SpatialPath(nn.Module):
    def __init__(self, *args, **kwargs):
        super(SpatialPath, self).__init__()
        self.conv1 = ConvBNReLU(3, 64, ks=7, stride=2, padding=3)
        self.conv2 = ConvBNReLU(64, 64, ks=3, stride=2, padding=1)
        self.conv3 = ConvBNReLU(64, 64, ks=3, stride=2, padding=1)
        self.conv_out = ConvBNReLU(64, 128, ks=1, stride=1, padding=0)
        self.init_weight()
    def forward(self, x):
        feat = self.conv1(x)
        feat = self.conv2(feat)
        feat = self.conv3(feat)
        feat = self.conv_out(feat)
        return feat
    def init_weight(self):
        for ly in self.children():
            if isinstance(ly, nn.Conv2d):
                nn.init.kaiming_normal_(ly.weight, a=1)
                if not ly.bias is None: nn.init.constant_(ly.bias, 0)
```

```python
    def get_params(self):
        wd_params, nowd_params = [], []
        for name, module in self.named_modules():
            if isinstance(module, nn.Linear) or isinstance(module,
nn.Conv2d):
                wd_params.append(module.weight)
                if not module.bias is None:
                    nowd_params.append(module.bias)
            elif isinstance(module, BatchNorm2d):
                nowd_params += list(module.parameters())
        return wd_params, nowd_params
    ...

#FFM 融合层，也没用到
class FeatureFusionModule(nn.Module):
    def __init__(self, in_chan, out_chan, *args, **kwargs):
        super(FeatureFusionModule, self).__init__()
        self.convblk = ConvBNReLU(in_chan, out_chan, ks=1, stride=1,
padding=0)
        self.conv1 = nn.Conv2d(out_chan,
                out_chan//4,
                kernel_size = 1,
                stride = 1,
                padding = 0,
                bias = False)
        self.conv2 = nn.Conv2d(out_chan//4,
                out_chan,
                kernel_size = 1,
                stride = 1,
                padding = 0,
                bias = False)
        self.relu = nn.ReLU(inplace=True)
        self.sigmoid = nn.Sigmoid()
        self.init_weight()
```

```python
    def forward(self, fsp, fcp):
        fcat = torch.cat([fsp, fcp], dim=1)
        feat = self.convblk(fcat)
        atten = F.avg_pool2d(feat, feat.size()[2: ])
        atten = self.conv1(atten)
        atten = self.relu(atten)
        atten = self.conv2(atten)
        atten = self.sigmoid(atten)
        feat_atten = torch.mul(feat, atten)
        feat_out = feat_atten + feat
        return feat_out
    def init_weight(self):
        for ly in self.children():
            if isinstance(ly, nn.Conv2d):
                nn.init.kaiming_normal_(ly.weight, a=1)
                if not ly.bias is None: nn.init.constant_(ly.bias, 0)
    def get_params(self):
        wd_params, nowd_params = [], []
        for name, module in self.named_modules():
            if isinstance(module, nn.Linear) or isinstance(module,
nn.Conv2d):
                wd_params.append(module.weight)
                if not module.bias is None:
                    nowd_params.append(module.bias)
            #没机会用了
            #elif isinstance(module, BatchNorm2d):
            #    nowd_params += list(module.parameters())
        return wd_params, nowd_params
class BiSeNet(nn.Module):
    def __init__(self, n_classes, *args, **kwargs):
        super(BiSeNet, self).__init__()
        self.cp = ContextPath()
        ## here self.sp is deleted
```

```python
#         self.ffm = FeatureFusionModule(256, 256)
        self.conv_out = BiSeNetOutput(128, 128, n_classes)
        self.conv_out16 = BiSeNetOutput(128, 64, n_classes)
#         self.conv_out32 = BiSeNetOutput(128, 64, n_classes)
        self.init_weight()
```
#正向传播，x 是输入的融合图像
```python
    def forward(self, x):
        H, W = x.size()[2: ]
```
#返回多个 ARM，16 没用到，几乎就是在语义上做处理，
```python
        feat_res8, feat_cp8, feat_cp16 = self.cp(x) # here return
res3b1 feature
#         feat_sp = feat_res8 # use res3b1 feature to replace spatial
path feature
#         feat_fuse = self.ffm(feat_sp, feat_cp8)
        feat_out = self.conv_out(feat_res8)#都是只做了进入 ffm 的操作
        feat_out16 = self.conv_out16(feat_cp8)
#         feat_out32 = self.conv_out32(feat_cp16)
```
#F 是算 loss 的
```python
        feat_out = F.interpolate(feat_out, (H, W), mode='bilinear',
align_corners=True)
        feat_out16 = F.interpolate(feat_out16, (H, W), mode='bilin
ear', align_corners=True)
#              feat_out32 = F.interpolate(feat_out32, (H, W),
mode='bilinear', align_corners=
    True)
        return feat_out, feat_out16
    def init_weight(self):
        for ly in self.children():
            if isinstance(ly, nn.Conv2d):
                nn.init.kaiming_normal_(ly.weight, a=1)
                if not ly.bias is None: nn.init.constant_(ly.bias, 0)
    def get_params(self):
        wd_params, nowd_params, lr_mul_wd_params, lr_mul_nowd_para
```

```
        ms = [], [], [], []
        for name, child in self.named_children():
            child_wd_params, child_nowd_params = child.get_params()
            if isinstance(child, FeatureFusionModule) or isinstance
(child, BiSeNetOutput):
                lr_mul_wd_params += child_wd_params
                lr_mul_nowd_params += child_nowd_params
            else:
                wd_params += child_wd_params
                nowd_params += child_nowd_params
        return wd_params, nowd_params, lr_mul_wd_params, lr_mul_no
wd_params
if __name__ == "__main__":
    net = BiSeNet(19)
    net.cuda()
    net.eval()
    in_ten = torch.randn(16, 3, 640, 480).cuda()
    out, out16 = net(in_ten)
    print(out.shape)
    net.get_params()
```

transform.py：用于语义分割训练集的数据准备函数的类，辅助训练集的

```
#!/usr/bin/python
# -*- encoding: utf-8 -*-
from PIL import Image
import PIL.ImageEnhance as ImageEnhance
import random
class RandomCrop(object):
    def __init__(self, size, *args, **kwargs):
        self.size = size
    def __call__(self, im_lb):
        im = im_lb['im']
        lb = im_lb['lb']
        assert im.size == lb.size
```

```python
        W, H = self.size
        w, h = im.size
        if (W, H) == (w, h): return dict(im=im, lb=lb)
        if w < W or h < H:
            scale = float(W) / w if w < h else float(H) / h
            w, h = int(scale * w + 1), int(scale * h + 1)
            im = im.resize((w, h), Image.BILINEAR)
            lb = lb.resize((w, h), Image.NEAREST)
        sw, sh = random.random() * (w - W), random.random() * (h - H)
        crop = int(sw), int(sh), int(sw) + W, int(sh) + H
        return dict(
                im = im.crop(crop),
                lb = lb.crop(crop)
                )
class HorizontalFlip(object):
    def __init__(self, p=0.5, *args, **kwargs):
        self.p = p
    def __call__(self, im_lb):
        if random.random() > self.p:
            return im_lb
        else:
            im = im_lb['im']
            lb = im_lb['lb']
            return dict(im = im.transpose(Image.FLIP_LEFT_RIGHT),
                        lb = lb.transpose(Image.FLIP_LEFT_RIGHT),
                    )
class RandomScale(object):
    def __init__(self, scales=(1, ), *args, **kwargs):
        self.scales = scales
    def __call__(self, im_lb):
        im = im_lb['im']
        lb = im_lb['lb']
        W, H = im.size
```

```python
            scale = random.choice(self.scales)
            w, h = int(W * scale), int(H * scale)
            return dict(im = im.resize((w, h), Image.BILINEAR),
                        lb = lb.resize((w, h), Image.NEAREST),
                    )
    class ColorJitter(object):
        def __init__(self, brightness=None, contrast=None, saturation=No
    ne, *args, **kwargs):
            if not brightness is None and brightness>0:
                self.brightness = [max(1-brightness, 0), 1+brightness]
            if not contrast is None and contrast>0:
                self.contrast = [max(1-contrast, 0), 1+contrast]
            if not saturation is None and saturation>0:
                self.saturation = [max(1-saturation, 0), 1+saturation]
        def __call__(self, im_lb):
            im = im_lb['im']
            lb = im_lb['lb']
            r_brightness = random.uniform(self.brightness[0], self.bri
    ghtness[1])
            r_contrast = random.uniform(self.contrast[0], self.contrast[1])
            r_saturation = random.uniform(self.saturation[0], self.sat
    uration[1])
            im = ImageEnhance.Brightness(im).enhance(r_brightness)
            im = ImageEnhance.Contrast(im).enhance(r_contrast)
            im = ImageEnhance.Color(im).enhance(r_saturation)
            return dict(im = im,
                        lb = lb,
                    )
    class MultiScale(object):
        def __init__(self, scales):
            self.scales = scales
        def __call__(self, img):
            W, H = img.size
```

```python
        sizes = [(int(W*ratio), int(H*ratio)) for ratio in self.scales]
        imgs = []
        [imgs.append(img.resize(size, Image.BILINEAR)) for size in
sizes]
        return imgs
    class Compose(object):
        def __init__(self, do_list):
            self.do_list = do_list
        def __call__(self, im_lb):
            for comp in self.do_list:
                im_lb = comp(im_lb)
            return im_lb
    if __name__ == '__main__':
        flip = HorizontalFlip(p = 1)
        crop = RandomCrop((321, 321))
        rscales = RandomScale((0.75, 1.0, 1.5, 1.75, 2.0))
        img = Image.open('data/img.jpg')
        lb = Image.open('data/label.png')
```

TaskFusion_dataset.py：融合网络获取数据的方式

```python
# coding: utf-8
import os
import torch
from torch.utils.data.dataset import Dataset#生成数据集
from torch.utils.data import DataLoader
import numpy as np
from PIL import Image
import cv2
import glob
import os
def prepare_data_path(dataset_path):
    filenames = os.listdir(dataset_path)
    data_dir = dataset_path
    data = glob.glob(os.path.join(data_dir, "*.bmp"))
```

```python
        data.extend(glob.glob(os.path.join(data_dir, "*.tif")))
        data.extend(glob.glob((os.path.join(data_dir, "*.jpg"))))
        data.extend(glob.glob((os.path.join(data_dir, "*.png"))))
        data.sort()
        filenames.sort()
        return data, filenames
    #融合 train 只行驶这一步
    class Fusion_dataset(Dataset):
        def __init__(self, split, ir_path=None, vi_path=None):
            super(Fusion_dataset, self).__init__()
            assert split in ['train', 'val', 'test'], 'split must be
    "train"|"val"|"test"'
            #在初始化的时候选择模式，val 一般是 test 才用，train 是训练用
            if split == 'train':
                data_dir_vis = './MSRS/Visible/train/MSRS/'
                data_dir_ir = './MSRS/Infrared/train/MSRS/'
                data_dir_label = './MSRS/Label/train/MSRS/'
                self.filepath_vis, self.filenames_vis = prepare_data_
    path(data_dir_vis)
                self.filepath_ir, self.filenames_ir = prepare_data_path
    (data_dir_ir)
                self.filepath_label, self.filenames_label = prepare_data_
    path(data_dir_label)
                self.split = split
                self.length = min(len(self.filenames_vis), len(self.
    filenames_ir))
            elif split == 'val':
                data_dir_vis = vi_path
                data_dir_ir = ir_path
                self.filepath_vis, self.filenames_vis =
    prepare_data_path(data_dir_vis)
                self.filepath_ir, self.filenames_ir = prepare_data_path
    (data_dir_ir)
```

```python
        self.split = split
        self.length = min(len(self.filenames_vis), len(self.
filenames_ir))
    #自定义数据集子类
    def __getitem__(self, index):
        if self.split=='train':
            vis_path = self.filepath_vis[index]
            ir_path = self.filepath_ir[index]
            label_path = self.filepath_label[index]
            image_vis = np.array(Image.open(vis_path))
            image_inf = cv2.imread(ir_path, 0)
            label = np.array(Image.open(label_path))
            image_vis = (
            np.asarray(Image.fromarray(image_vis), dtype=np.float
32).transpose(
                    (2, 0, 1)
                )
                / 255.0
            )
            image_ir = np.asarray(Image.fromarray(image_inf), dtype=
np.float32) / 255.0
            image_ir = np.expand_dims(image_ir, axis=0)
             label = np.asarray(Image.fromarray(label), dtype=np.int64)
            name = self.filenames_vis[index]
            return (
                torch.tensor(image_vis),
                torch.tensor(image_ir),
                torch.tensor(label),
                name,
            )
        elif self.split=='val':
            vis_path = self.filepath_vis[index]
            ir_path = self.filepath_ir[index]
```

```python
            image_vis = np.array(Image.open(vis_path))
            image_inf = cv2.imread(ir_path, 0)
            image_vis = (
            np.asarray(Image.fromarray(image_vis), dtype=np.float32).
transpose(
                    (2, 0, 1)
                )
                / 255.0
            )
            image_ir = np.asarray(Image.fromarray(image_inf), dtype=
np.float32) / 255.0
            image_ir = np.expand_dims(image_ir, axis=0)
            name = self.filenames_vis[index]
            return (
                torch.tensor(image_vis),
                torch.tensor(image_ir),
                name,
            )
    #数据集路径列表的长度，因为模式不同，所以会有不同结果
    def __len__(self):
        return self.length
# if __name__ == '__main__':
    # data_dir = '/data1/yjt/MFFusion/dataset/'
    # train_dataset = MF_dataset(data_dir, 'train', have_label=True)
    # print("the training dataset is length: {}".format(train_dataset.
length))
    # train_loader = DataLoader(
    #     dataset=train_dataset,
    #     batch_size=2,
    #     shuffle=True,
    #     num_workers=2,
    #     pin_memory=True,
```

```
#      drop_last=True,
#  )
# train_loader.n_iter = len(train_loader)
# for it, (image_vis, image_ir, label) in enumerate(train_
loader):
#      if it == 5:
#          image_vis.numpy()
#          print(image_vis.shape)
#          image_ir.numpy()
#          print(image_ir.shape)
#          break。
```

## 7.4　红外-可见光融合"目标级融合"算法应用

### 7.4.1　对测试用例 1 进行测试

输入红外和可见光图像，如图 7.31 所示。

（a）红外图像　　　　　　　　　　　　　（b）可见光图像

图 7.31　输入图像

从图 7.32 可以看出生成的融合图像在视觉上保持高质量，没有损失关键的可见光和红外信息。

图 7.32　红外和可见光融合后的图像

### 7.4.2　对测试用例 2 进行测试

输入明显的光照图像对，如图 7.33 所示。

（a）红外图像

（b）可见光图像

图 7.33　明显的光照图像

从图 7.34 可以看出生成的融合图像应该在光照变化的情况下具有稳健的性能，能够维持对目标的准确描述。

图 7.34　明显的光照图像对融合后的图像

### 7.4.3 对测试用例 3 进行测试

输入背景较为复杂的图像对，如图 7.35 所示。

（a）红外图像

（b）可见光图像

图 7.35　背景较为复杂的图像

从图 7.36 可以看出生成的融合图像能够在复杂场景中保持对目标的良好可见性，尽量减少背景干扰。

图 7.36　背景较为复杂的图像融合后

### 7.4.4 对示例进行测试

输入两个视频对，对视频进行推理。

1. 存在问题

（1）SeAFusion 在应用过程中面临的一个关键问题是图像输入之前的配准问题。图像配准是确保可见光图像和红外图像对齐的关键步骤，影响着 SeAFusion 模型的性能和输出效果。如果图像未正确配准，可能导致生成的融合图像中目标位置偏差，从而影响后续高级视觉任务的准确性。

（2）另一个 SeAFusion 应用中的挑战是在嵌入式设备（如开发板）上的实时性能问题，尤其是速度。在一些实际应用场景中，需要 SeAFusion 模型在实时或接近实时的情况下生成融合图像，而开发板的有限计算资源可能成为瓶颈。

（3）摄像头同步输入问题指的是从可见光和红外摄像头中获取图像时可能存在的时间同步性和相位同步性的挑战。缺乏同步可能导致 SeAFusion 模型在处理图像时无法正确融合两个源的信息。

2. 解决思路

1）针对第 1 个问题的解决方案

（1）精确的图像预处理：实施更加精细的图像预处理步骤，包括特征点提取和匹配，以确保可见光图像和红外图像在输入 SeAFusion 之前正确对准。

（2）实时配准算法：考虑在应用中使用实时配准算法，以便在图像采集阶段就处理配准问题，减少后续处理的复杂性。

（3）反馈机制：引入反馈机制，通过模型输出的融合图像与真实图像之间的差异，反馈到配准步骤，实现更加动态的配准调整。

通过解决图像配准问题，可以提高 SeAFusion 在实际应用中的稳定性和可靠性，确保生成的融合图像保持准确的目标位置。

2）针对第 2 个问题的解决方案

（1）模型优化：进行模型结构的优化，考虑减小模型的参数量和计算复杂度，以适应嵌入式设备的性能限制。

（2）硬件加速：利用硬件加速器（如 GPU、APU 等）来加速 SeAFusion 模型的推理过程，提高计算效率。

（3）量化和剪枝：使用量化和剪枝等技术，减小模型的存储和计算需求，提高在嵌入式设备上的实时性能。

（4）异步处理：引入异步处理机制，充分利用硬件资源，提高处理效率。

通过综合采取上述措施，可以有效地提高 SeAFusion 在开发板上的应用速度，确保其在实时场景下的可用性。

3）针对第 3 个问题的解决方案

（1）硬件同步：硬件层面上实现可见光和红外摄像头的硬件同步，确保两个摄像头的采集时钟同步。

（2）软件同步：使用软件算法对图像进行后期同步，校正由于硬件差异引起的同步问题。

（3）传感器选择：选择具有同步功能的摄像头传感器，以简化同步问题的处理。

（4）时间戳标定：在图像数据中引入时间戳，并在数据流中进行时间戳标定，确保在模型输入之前，图像序列的时间同步性。

（5）通过解决摄像头同步输入问题，可以提高 SeAFusion 模型对于不同传感器输入的鲁棒性，确保模型能够准确地融合可见光和红外信息。

通过这些解决方案，可以使 SeAFusion 在实际应用中更加可靠、高效，充分发挥其在多模态图像融合任务中的潜力。

### 3. 改进提升

（1）如图 7.37 和图 7.38 所示，图像配准是多模态图像融合任务中至关重要的一环，而薄板样条变换是一种强大的配准方法，能够有效地对可见光和红外图像进行准确而灵活的对准。薄板样条变换是一种基于控制点的非线性变换方法，通过调整控制点的位置，实现对整个图像的形变。它具有光滑性和灵活性的特点，适用于各种形状和场景的图像配准。在 SeAFusion 中，可以利用薄板样条变换来确保可见光和红外图像在输入模型之前的准确对齐。

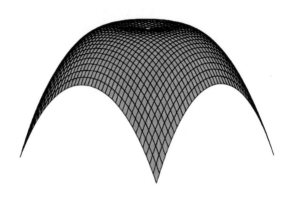

图 7.37　薄板样条核可视化

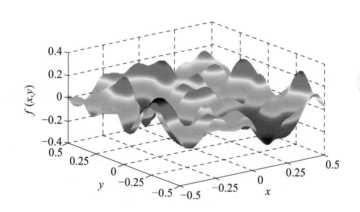

图 7.38　核函数与权值相乘的三维图

其配准步骤如图 7.39 所示。

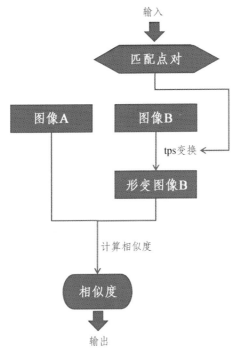

图 7.39　配准步骤图

通过计算参考图像与经过 tps 变换之后的浮动图像的互相关系数，得到输出。其改进前后对比如图 7.40 所示。

（a）改进前

（b）改进后

图 7.40　tps 变换前后对比

从改进前的图像可以看出融合图像的红外部分没有配准可见光，改进后的图像对融合结果的匹配程度有较大的提升。

（2）在嵌入式设备上应用 SeAFusion 时，处理速度往往成为一个关键瓶颈，因为嵌入式设备通常具有有限的计算资源。为了克服这个挑战，采用了两种主要策略：使用 APU（加速处理器单元）进行加速和利用异构计算。

图 7.41 所示是为解决 SeAFusion 在嵌入式开发板上的计算，对于整图作为 Pattern，且 Input 后面有多个 Slice 结点时，默认插入 recast 结点，一并放入 Pattern 中。通过编译器版本优化，对模型中的部分算子进行融合计算，提高计算效率。设计合理的数据流，使得数据能够有效地在 CPU 和 APU 之间传递，减少数据传输的开销。利用共享内存等机制，加快数据在不同处理单元之间的交互速度。将 SeAFusion 模型中的不同计算任务分配给适合的处理单元，实现任务的协同计算。例如，将并行计算任务分配给 APU，而将序列计算任务留给 CPU。通过使用 APU 进行加速和利用异构计算，可以有效解决 SeAFusion 在嵌入式设备上的计算瓶颈问题。这两种策略的结合将为 SeAFusion 提供更高效、更稳定的计算能力，使其在嵌入式场景中更加灵活可靠。同时，持续的优化和调整将确保系统能够在保持高性能的同时满足嵌入式设备的资源限制。

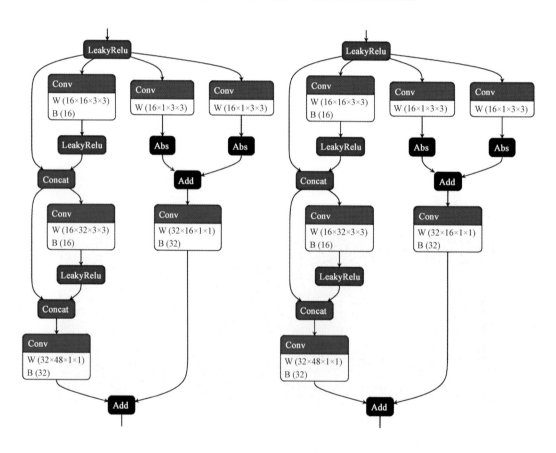

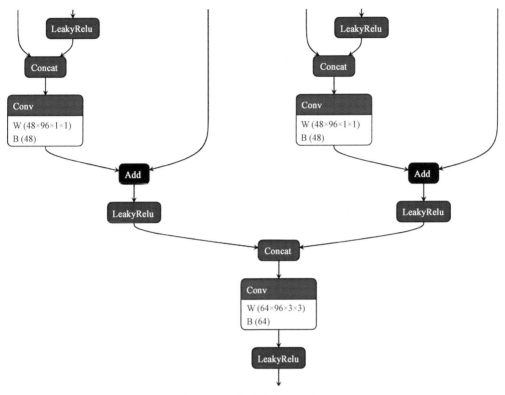

图 7.41　模型的主要结构

## 4. 应用效果

使用图 7.42、图 7.44、图 7.46 所示的图像进行测试，得到的结果如图 7.43、图 7.45 和图 7.47 所示。

（a）红外图像　　　　　　　　　（b）可见光图像

图 7.42　测试图像（一）

图 7.43  融合图像（一）

（a）红外图像检测　　　　　　　　　　　（b）可见光图像检测

图 7.44  测试图像（二）

图 7.45  融合图像（二）

（a）红外图像 （b）可见光图像

图 7.46 测试图像（三）

图 7.47 融合图像（三）

布控球拍摄测试效果如图 7.48 和图 7.49 所示。

图 7.48 布控球拍摄测试效果（一）

图 7.49　布控球拍摄测试效果（二）

经过测试可以看出，改进后的图像配准使多模态图像融合方法效果更好。

## 7.5　数据模型训练样本

数据模型使用的数据集为 MSRS 数据集。微软研究院的 MSRS 数据集是一个用来评估和比较英语句子完成任务技术的资源库。在自然语言处理（NLP）中，一项关键的挑战是让计算机不仅理解人类的语言，还能在适当的情况下生成有意义的回应。因此，研究人员需要大量的数据来训练和测试他们的机器学习模型，以便模拟这种人类语言使用的复杂性。

MSRS 数据集提供了这样的资源，它包含来自各种文本的大量语句，如小说、新闻文章或教科书，使研究人员可以在多样化的语境中测试他们的算法。每个句子中的一部分都被标记为缺失，机器需要根据上下文来确定应该填入何种单词或短语。这迫使机器学习模型不仅要理解单个句子的语法，还要理解句子内外的语义关系。

例如，考虑句子"John goes to the ___ every day"。可能的完整句子有很多种，因为 John 可能去的地方有很多。他可能是去"office"（办公室），去"grocery store"（杂货店），去"gym"（健身房）等。选择哪一个取决于上下文，如果上下文中提到了 John 在致力于健身，那么正确的填充应该是"gym"。

MSRS 数据集评估的是模型在理解和生成单词方面的表现，因此，如果一个模型能在 MSRS 数据集上表现良好，那就说明它在理解语言的复杂性和生成良好回应方面具有一定的能力。

另外，MSRS 数据集不仅仅局限于补充缺失单词的任务，它实际上提供了一个框架，可以评估各种能力，比如文本摘要、情感分析等。因为 MSRS 数据集的丰富性和复杂性，可以用来构建和评估完成这种高层次任务的模型。

总的来说，MSRS 数据集是微软研究院提供的一种用于评估和比较英语句子完成任务的重要工具。它旨在推动自然语言处理领域的进步，以实现更自然和有效的人机交互。作为实验室和商业研究人员的必备工具，MSRS 数据集为研究人员提供了一个通用的基准，使他们能够对比不同模型在理解和生成英语句子方面的效果，推动 NLP 技术的发展。

### 7.5.1 训练样本总量

本研究的数据集共包含 1 500 张图像，其中涵盖了多个场景、不同光照条件和各种环境下的可见光和红外图像对。这样一个丰富多元的数据集可极大地帮助训练一个能够处理复杂环境和庞杂情况的模型。因为数量众多的样本考量了各种可能出现的情况和环境，所以训练出来的模型相对于只有少量样本的模型来说，更有可能获得较高的准确率和更好的效果。

### 7.5.2 训练集与测试集划分

1. 训练集

数据集的 70%（1 050 张图像）用于模型的训练，以确保模型能够充分学习各种场景下的特征和模式。其余的 30%，也就是 450 张图像，则被用作测试集进行性能评估。这样的比例分配使得训练集相对较大，但仍留有足够数量的图像进行测试，从而降低模型过拟合的概率，增强模型泛化性。

2. 测试集

数据集的 30%（450 张图像）用作模型的测试集，以评估模型在未见过的数据上的泛化性能。测试集的合理划分有助于验证模型对新数据的适应能力。

### 7.5.3 数据增强

为了增加模型的泛化性，使用数据增强技术，如随机旋转、翻转、缩放等，对训练样本进行扩充。这有助于模型更好地适应各种图像变化。在数据处理过程中，为了进一步提高模型的性能，我们采取了诸如随机旋转、翻转和缩放等数据增强技术壮大训练样本。数据增强通过在训练集上添加噪声和引入变换，帮助模型更加全面地学习数据的分布信息，更好地理解数据，从而提高模型在未知数据上的表现。

### 7.5.4　样本质量控制

在训练模型之前，需要对样本进行质量控制，确保图像质量一致、标签准确。处理异常样本或错误标注可以有效提高模型的训练效果。在模型训练前阶段，我们对数据集进行了质量控制，确保其具备一致的图像质量和准确的标签。处理潜藏在数据集中的异常样本和错误标注，对于模型的训练效果有着至关重要的影响。作为质量控制的一部分，我们还开发了一套异常检测和数据清洗流程，帮助快速识别和纠正不规则问题。

### 7.5.5　模型验证

在训练过程中，建议定期使用验证集对模型进行评估，以监测模型的性能变化。验证集通常可以从训练集中分割一小部分作为独立验证数据。在训练过程中，我们定期使用从训练集中分割出的验证集来评估模型，以监控模型性能的动态变化。验证集的存在使得我们能够针对模型训练进行早期的干预，比如在模型出现明显过拟合时及时调整超参数的设定。

### 7.5.6　迭代优化

根据模型在验证集上的表现，进行模型参数的调整和优化。通过多次迭代，逐步提升模型性能，确保其在实际应用中具备鲁棒性和准确性。根据模型在验证集上的表现，我们进行模型参数的调整和优化。一次次的迭代训练不仅仅让我们逐步提升了模型性能，更是让我们看到了模型逐渐变得更加鲁棒并具备更高的准备性，成为实际应用场景中不可或缺的一份力量。在验证过程中，我们积累了大量优化模型的经验和技巧，为未来开发更高级、更复杂的系统积累了宝贵素材。

# 第 8 章

# 红外-可见光图像的特征互补技术研究

## 8.1　红外-可见光图像的特征互补技术算法概述

红外和可见光图像互补是一种高级图像处理技术，旨在将来自不同类型传感器的图像进行合并分析，以生成具有更多信息和更强鲁棒性的综合图像。这种技术的关键在于有效地提取图像信息并采用适当的融合策略，以确保在生成综合图像时不引入虚假信息。

传感器技术不断进步，各种复杂应用需要全面的信息来更好地理解各种环境条件。然而，同一类型的传感器通常只提供特定方面的信息，因此图像互补技术在现代应用和计算机视觉中变得越来越重要。不同类型的图像，如可见光图像、红外图像、计算机断层扫描（CT）和磁共振成像（MRI），都可以作为融合的源图像。在这些组合中，红外和可见光图像的融合在多个方面都具有显著优势。红外图像捕获了目标的热辐射信息，而可见光图像则提供了物体的视觉特征，因此它们互补，提供了更全面的信息。

算法的选择和设计是图像互补成功的关键。目前有多种融合方法，包括多尺度变换、稀疏表示、神经网络、子空间方法、基于显著性的方法、混合模型和其他方法。多尺度变换方法将源图像分解为不同的尺度或层次，然后将它们合并以生成目标图像。稀疏表示方法依赖于源图像的稀疏表示，是一种基于线性组合的表示形式。神经网络方法模拟了人类大脑的处理方式，具有适应性和强鲁棒性。子空间方法使用统计学和数学工具来处理图像的子空间结构。基于显著性的方法利用人眼的视觉显著性来引导图像融合过程，以确保重要信息被保留。混合模型方法结合了不同方法的优点，以提高融合性能。

在红外-可见光图像的特征互补技术中，一个重要的方向是开发出能同时处理红外和可见光图像差异的算法。此类算法需要能够处理两种图像在色彩、亮度和对比度等方面的差异，并确保这些差异在融合过程中不会影响结果图像的质量。例如，有些算法会使用颜色转换或者直方图匹配等技术来对源图像进行预处理，从而降低他们之间的差异。

红外-可见光图像的特征互补技术还涉及特征提取和融合策略的选择。特征提取是指从图像中抽取出能反映其本质属性的信息，而融合策略则决定了如何将这些特征结合到一起。因此，一个好的融合策略应该能够保留来自两个源图像的关键信息，并弱化那些不必要的信息。在一些算法中，特征提取和融合策略是统一进行的，它们会同时考虑原图像的局部结构和全局分布，并尝试找到最能反映其复杂性和多样性的特征表示。

另外，由于红外-可见光图像的专有性，它们所蕴含的信息在很多方面都是互补的。因此，如何更好地利用这种互补性也是一个重要的研究方向。例如，有些研究将可见光图像中对比度高的区域和红外图像中热度分布明显的区域视为关键信息，并优先保留。同样，也有一些研究尝试通过挖掘红外图像和可见光图像的深度关系，来改善融合图像的质量。

## 8.2 可见光目标检测

在目标检测和人体行为检测领域，可见光图像通常面临着一系列挑战，这些挑战包括背光和弱光等问题。可见光图像传感器是最常用的传感器类型之一，因为它们能够提供高分辨率和丰富的视觉信息，但它们也有一些局限性，影响了其在特定条件下的性能。

可见光图像在许多应用中被广泛使用，如安全监控、机器人视觉、自动驾驶等。这是因为可见光图像能够提供丰富、高清晰度的视觉信息，其色彩表现力强，易于人类和计算机理解。

然而，把可见光图像传感器用于目标检测和识别，并不总是那么顺利。一个重要的限制就是光照变化。光照条件的改变会大幅影响可见光图像的观察效果，尤其是在背光和弱光的情况下。在背光条件下，目标可能会呈现为剪影，其特征难以识别。在弱光条件下，图像的噪声会显著增加，细节部分往往被淹没。

此外，可见光图像还受到天气条件的限制。在雾、雨、雪等恶劣天气条件下，可见光图像的质量和清晰度会显著下降。这种情况下，使用纯粹的可见光图像进行目标检测和识别，可能会得到不准确的结果。

另一个问题是，可见光图像往往受到环境背景的干扰。例如，若目标与背景具有相近的颜色或纹理特征，那么在可见光图像上分辨目标可能会变得异常困难。这种情况在一些高复杂度场景下，如森林、山地等，尤其常见。

因此，尽管可见光图像具有巨大的潜力，但在实际应用中，仅依赖可见光图像传感器可能并不足以提供准确和稳定的目标检测和识别结果。这就是为什么需要把可见光图像与其他类型的图像，如红外图像，进行融合，以便综合利用多种信息，提高系统的性能和鲁棒性。

### 8.2.1　可见光目标检测中存在的背光问题

背光问题是影响可见光图像质量的重要因素之一。在许多场景中，如对着窗户、天空或直射的光源拍摄照片时，摄像机往往会对亮度较高的背景进行自动曝光调整，导致主体被过度曝光甚至曝光不足。这时候的图像，前景目标通常会变暗，甚至形成剪影，丧失了大量的细节信息，这对于后续的图像处理和分析，如目标识别、目标检测、人脸识别等任务造成了巨大困扰。

在数码摄影中，人们通常采用填光、反光板、使用 HDR（High Dynamic Range，高动态范围）手段等各种方法来解决背光问题，但这些手段在自动化的计算机视觉系统中并不总是可行的。

背光补偿技术也是解决背光问题的一种方式。这些技术通过对每一帧图像进行灰度、色度或空间的转换以达到增强对比度、提升亮度、优化图像细节等效果。然而，背光补偿技术可能会通过增大噪点或者牺牲其他图像细节的方式来补偿图像，因此仍然存在限制。

近年来，图像融合技术成为处理背光问题的有效手段之一，尤其是可见光-红外图像融合。由于红外图像受环境光照影响小，抵抗光线过度暴露的能力较强，因此通过可见光-红外图像融合，可以在一定程度上弥补背光条件下可见光图像的不足，同时又能从红外图像中获取温度信息，提高目标检测的准确率。

然而，由于背光条件下场景的复杂性，背光问题仍然是一个具有挑战性的问题。例如，光源的强度和位置、场景的颜色分布、摄像机的性能等因素会影响图像融合的效果。因此，如何设计出性能优越、鲁棒性强的背光处理算法，是图像处理领域需要进一步研究的问题。

图 8.1（a）左图为光照正常图像，其他是背光图像；图 8.1（b）至图 8.1（d）是图像对应的亮度直方图；图 8.1（e）至图 8.1（g）是图像的 Cb、Cr 直方图。从图 8.1（a）可以看出，正常光照的图像细节清晰，边缘清楚，而背光图像前景灰暗，细节显示模糊。图 8.1（a）左图正常光照图像的 Cb、Cr 值比较集中，如使用依据颜色（YCbCr）直方图背光检测方法会误判为背光图像；而第 2 张背光图像的 Cb、Cr 比较分散，如使用依据

颜色（YCbCr）直方图背光检测方法则会误判为正常光照图像；第 3 张背光图像的亮度直方图不存在明暗两个明显分隔的区域，用依据亮度直方图的背光检测方法则会误判为正常光照图像。

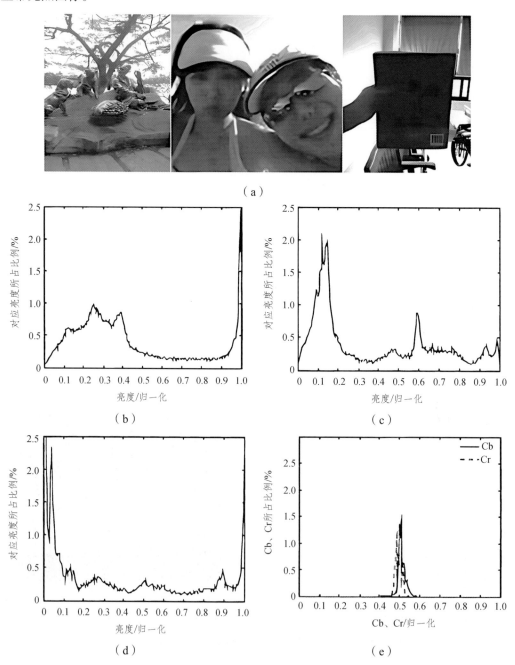

（a）

（b）

（c）

（d）

（e）

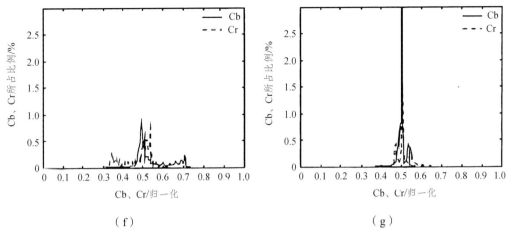

（f）                                （g）

图 8.1    正常图像和背光图像对应的亮度直方图及 Cb、Cr 直方图

## 8.2.2    弱光环境存在的问题

另一个常见的问题是弱光条件下的图像质量。在夜间或低照度环境中，可见光图像往往受到噪声和模糊的影响，这使得目标检测和人体行为检测变得更加困难。为了克服这个问题，通常使用低照度摄像机或增强图像处理技术来提高图像的质量。这些技术可以增加图像的亮度，并降低噪声水平，从而增强目标的可识别性。

近年来，卷积神经网络的出现促进了目标检测的发展。已经提出了大量的检测器，并且基准数据集的性能得到了较好的结果。然而，大多数现有的探测器都是在正常条件下在高质量图像中进行研究的。在真实环境中，经常存在许多恶劣的照明条件，如夜间、暗光和曝光，因此图像质量的降低影响了检测器的性能。视觉感知模型使自动系统能够理解环境，并为后续任务（如轨迹规划）奠定基础，这需要稳健的目标检测或语义分割模型。图 8.2 所示为暗物体检测的示例。可以发现，如果对图像进行适当的增强，并根据环境条件恢复更多原始模糊目标的潜在信息，则目标检测模型能够适应不同的弱光条件，这在模型的实际应用中也是一个巨大的挑战。

图 8.2    YOLO v5 检测器弱光结果

目前，已经提出了许多微光增强模型来恢复图像细节并减少不良照明条件的影响。然而，微光增强模型结构复杂，不利于检测器在图像增强后的实时性能。这些方法中的

大多数不能用检测器进行端到端训练，并且需要对成对的微光图像和正常图像进行监督学习。弱光条件下的物体检测也可以被视为一个领域自适应问题。一些研究人员使用对抗性学习将模型从正常光转换为暗光。但他们专注于匹配数据分布，忽略了低光图像中包含的潜在信息。在过去的几年里，一些研究人员提出了使用可微分图像处理（DIP）模块来增强图像并以端到端的方式训练检测器的方法。然而，DIP 是传统的方法，如白平衡，对图像的增强效果有限。

图 8.3 所示为目前基于深度学习的方法通过数据驱动的方式从大量数据中学习到弱光图像和正常曝光图像之间的逐像素映射关系，已经可以获得不错的增强效果。

图 8.3　弱光检测

但是这类方法存在两个严重的问题：

（1）同一张弱光图像可能对应多张不同条件的正常曝光图像，只通过 L1 和 L2 这种像素级的损失函数来优化网络，可能会导致网络多次回归到图像均值上，从而影响了网络的泛化能力。

（2）现有的 L1 或 L2 损失函数可能无法描述参考图像与增强后图像的真实视觉距离，难以满足人类的感官需要。

## 8.3　红外-可见光融合互补算法研究

### 8.3.1　基于稀疏表示的方法

如图 8.4 所示，稀疏表示图像融合方法旨在从大量高质量的自然图像中学习一个过完备的字典。然后，通过学习字典对源图像进行稀疏表示，从而潜在地增强有意义且稳定的图像的表示能力。此外，错配或噪声会使融合的多尺度表示系数产生偏差，从而导致融合图像中的视觉伪影。同时，基于稀疏表示的融合方法使用滑动窗口策略将源图像划分为几个重叠的小块，从而潜在地减少了视觉假象，提高了对错配的鲁棒性。通常，基于稀疏表示的红外和可见光图像融合方案包括四个步骤：①使用滑动窗口策略将每个源图像分解为几个重叠的小块。②从大量高质量的自然图像中学习一个过完备字典，并对每个 patch 进行稀疏编码，利用学习到的过完备字典获得稀疏表示系数。③根据给定的融合规则对稀疏表示系数进行融合。④利用学习到的过完备字典对融合系数进行重构。基于稀疏表示的融合方案的关键在于过完备的字典构造、稀疏编码和融合规则。

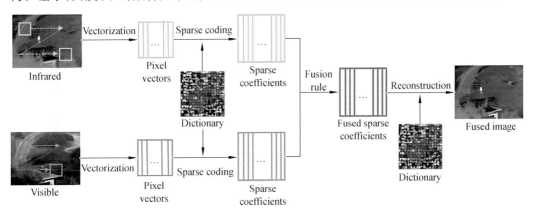

图 8.4　稀疏表示图像融合方法

基于稀疏表示的方法在图像融合中具有一定的优势，但也存在一些缺点和局限性，主要包括：

（1）计算复杂性高：稀疏表示方法在处理大量的图像数据时，需要进行大量的计算，对硬件和软件设备的要求较高，如需要高性能的处理器、大量的内存等。同时，由于涉及的运算多且复杂，如矩阵运算、稀疏编码等，因此计算速度较慢，对于需要实时处理的场景不太适用。

（2）对参数敏感：稀疏表示方法在实施过程中，需要设置诸多参数，如字典大小、惩罚因子、稀疏度等，这些参数的设置直接影响到稀疏表示的效果和计算效率。如果参数设置不合理，可能导致稀疏表示效果差，计算时间长。然而，合理的参数设置需要依赖于经验或者烦琐的参数寻优过程，这增加了稀疏表示方法的使用难度。

（3）需要足够的训练样本：为了获得适用的字典，稀疏表示方法需要大量的训练样本。然而，在实际应用中，往往很难获得足够且多样的训练样本，从而影响到字典的适用性和代表性，降低融合效果。

（4）对噪声敏感：在图像传感、传输和处理过程中，往往会引入各种噪声。由于稀疏表示方法在处理图像时，强调重构的精度，所以对输入图像中的噪声非常敏感。尤其在低信噪比条件下，噪声会极大地干扰并降低稀疏编码的准确性，造成融合图像的质量低下。

（5）限制了上下文信息：稀疏表示方法在处理图像时，主要关注单个图像块，而不考虑图像中的全局信息，从而可能导致融合图像在局部和全局间的不协调，特别是在需要考虑大范围上下文信息的场景中，稀疏表示方法可能无法很好地满足要求。

（6）不适用于非线性关系：稀疏表示方法是基于线性模型的，对于包含非线性关系的图像处理问题，稀疏表示方法可能无法很好地描述和处理图像中的非线性关系，从而影响最终的融合结果。例如，在含有光照变化、复杂材质和纹理等非线性变化的场景中，线性模型的稀疏表示方法可能无法很好地反映和处理这些变化。

（7）需要合适的字典构建：字典构建是稀疏表示方法的一个关键步骤，构建的字典必须足够包含图像的多样性，才能保证稀疏表示的效果。然而，如何构建适合的字典并无固定的方法和标准，往往需要通过尝试和经验积累，这无疑提高了稀疏表示方法的使用门槛和难度。

基于稀疏表示的方法主要包括以下步骤：

使用滑动窗口策略将每个源图像分解为几个重叠的小块。给定源图像 $I$，可以使用滑动窗口策略将其划分为 $N$ 个重叠的子块，如下所示：

$$I = [I_1, I_2, \cdots, I_N] \tag{8.1}$$

从大量高质量的自然图像中学习一个过完备字典，并对每个 patch 进行稀疏编码。首先，建立一个大的图像集合，然后通过 K-SVD 算法训练一个过完备的字典 $D$。然后，使用这个字典对每个图像块进行稀疏编码。假设字典 $D$ 的维度为 $m \times n$，对于每个图像块 $I_i$，其稀疏表示可以表示为

$$I_i = D \times X_i \tag{8.2}$$

在这里，$X_i$ 是稀疏表示的系数向量。

根据给定的融合规则对稀疏表示系数进行融合。不同的融合规则可能导致不同的稀疏表示系数，例如，一种常用的融合规则是取每个稀疏表示系数的最大值：

$$X_f = \max(X_i) \tag{8.3}$$

利用学习到的过完备字典对融合系数进行重构。此步骤的目的是将融合的稀疏表示系数转换回图像空间，以得到融合图像：

$$I_f = D * X_f \tag{8.4}$$

在这个过程中，关键的部分是字典的训练、稀疏编码的计算，以及融合规则的选择。通过精心设计这些组成部分，我们可以有效地利用稀疏表示技术来实现高质量的图像融合。

### 8.3.2　基于神经网络的方法

红外与可见光图像融合的目的是合成一幅融合图像，该图像不仅包含显著的目标和丰富的纹理细节，而且有利于高级视觉任务。然而，现有的融合算法片面地关注融合图

像的视觉质量和统计指标，而忽略了高层次视觉任务的要求。为了解决这些问题，在图像融合和高级视觉任务之间架起了桥梁，提出了一种语义感知的实时图像融合网络（SeAFusion）。一方面，将图像融合模块与语义分割模块级联，利用语义损失引导高层语义信息回流到图像融合模块，有效提高融合图像的高层视觉任务性能。另一方面，设计了梯度残差密集块（GRDB）来增强融合网络对细粒度空间细节的描述能力。广泛的对比和泛化实验证明了 SeAFfusion 在保持像素强度分布和保留纹理细节方面优于最先进的替代方案。通过比较不同融合算法在任务驱动评估中的性能，揭示了该框架在高层次视觉任务处理中的天然优势。

特征提取器包括两个并行的红外和可见光特征提取流，并且每个特征提取流包含公共卷积层和两个 GRDB。采用核大小为 3×3、激活函数为 Leaky 校正线性单元（Leaky Rectified Linear Unit，LReLU）的普通卷积层提取浅层特征。紧接着是两个 GRDB，用于从浅层特征中提取细粒度特征。GRDB 的具体设计如图 8.5 所示。梯度剩余稠密块是 resblock 的变体，其中主流采用密集连接，而残差流集成梯度操作。

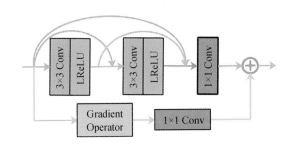

图 8.5　GRDB

特征提取器主流部署了两个 3×3 的卷积层和一个普通的卷积层，卷积层的核大小为 1×1。需要强调的是，在主流中引入了密集连接，充分利用了各个卷积层提取的特征。残差流采用梯度运算计算特征的梯度大小，并采用 1×1 规则卷积层消除信道维数差异。然后，通过逐元素加法将主密集流和残差梯度流的输出相加，以集成深度特征和细粒度细节特征。随后，采用拼接策略对红外和可见光图像的细粒度特征进行融合，并将融合结果送入图像重构器，实现特征聚合和图像重构。该图像重建器由三层 3×3 卷积层和一层 1×1 卷积层组成。所有 3×3 卷积层都使用 LReLU 作为激活函数，而 1×1 卷积层的激活函数是 Tanh。众所周知，在图像融合任务中，信息丢失是一个灾难性的问题。因此，融合网络中的填充被设置为相同，并且除了 1×1 卷积层之外，跨距被设置为 1。结果表明，该网络不引入任何降采样，融合后的图像大小与源图像一致。

图 8.6 所示就是融合后的图像。可以看出细节及纹理都比较好。首先，融合后的图

像显示出对原始数据高质量信息进行了有效提取和保留。这一点对于许多视觉任务至关重要，尤其是在目标检测和人体行为分析等领域。图像融合的能力是从不同传感器或图像源中获得信息，并将它们合并成一个更丰富、更具信息量的综合图像，这有助于提高任务的可行性和准确性。其次，图像融合技术对于重建纹理也表现出色。纹理是图像中的重要特征之一，它们包含了有关物体表面和结构的关键信息。通过融合不同源的图像，特别是可见光和红外图像的融合，能够更好地捕获和呈现目标的表面细节和纹理。此外，融合后的图像还具有更好的鲁棒性。在面对背光、弱光等不理想的光照条件时，传统的可见光图像可能会失去信息或产生反差不明显的结果。然而，图像融合技术可以从红外图像等其他传感器中获取额外信息，以弥补这些问题，提供更可靠的图像输出。

图 8.6　融合后的图像

图 8.7 所示为对一些常见物体的检测及分割效果，由此可见，红外和可见光融合后的效果检测和分割性能较好。首先，红外和可见光图像融合能够有效克服可见光图像在恶劣光照条件下的局限性。当光照条件不佳时，如背光或弱光情况，可见光图像可能会丢失目标的关键信息，导致目标检测和分割困难。然而，通过将可见光图像与红外图像融合，能够利用红外图像对热辐射的敏感性来弥补这些不足，提高对目标的可见性。这种多模态信息的综合使用能够更好地理解和分析场景中的目标，从而提高了检测和分割性能。其次，融合后的图像呈现出更丰富的细节和纹理。这对于目标检测和分割任务至关重要，这是因为细节和纹理包含了有关目标的重要信息。红外和可见光图像融合的结果展示了高质量的细节重建，这有助于更准确地识别和分割目标，无论是在军事领域、监视应用还是医学成像等领域都具有适用性。此外，红外和可见光图像融合还提供了更好的鲁棒性。它不仅有助于克服光照条件的挑战，还可以处理复杂背景、部分遮挡和其他干扰因素。这种鲁棒性使融合技术在实际应用中具有更广泛的适用性。

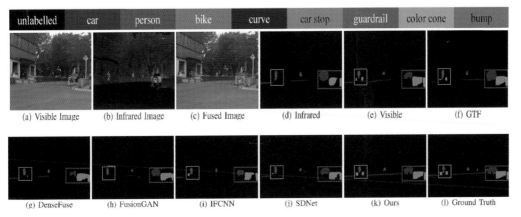

图 8.7　对一些常见物体的检测及分割效果

### 8.3.3　基于区域能量相关的融合算法

该算法主要是通过测量图像的区域能量来确定融合规则，一般在保持图像细节信息的同时可以获得较好的视觉效果。

图像融合是一种将来自相同场景的多个图像信息合并成一个新的图像的过程，而这个新的图像通常具有更高的可读性和更完善的信息表现。图像融合的目标主要是增强信息并减少冗余。图像融合在医疗图像分析、遥感影像处理、计算机视觉与机器视觉、无人驾驶技术等领域都有着广泛的应用。

基于区域能量相关的融合算法也可以称之为基于能量规则的图像融合算法。该算法的主要思想是通过计算图像局部区域或整个图像的能量值来实现图像融合。能量值在这里可以表示为图像中像素强度的二次和或者另一种形式，其结果可以用来表示图像的特征和信息内容。

区域能量相关的融合规则通常是通过测量各输入图像在特定区域中的能量值，然后将能量值较高的输入图像在该区域的像素值赋予输出图像，从而实现融合。这样做的好处是可以生成含有所有输入图像中最强烈特征的输出图像，进而在保持细节信息的同时获得较好的视觉效果。

在实际应用中，区域能量相关的融合算法通常需要首先进行所需区域的划分，然后分别对各区域进行能量值的计算，并基于计算结果进行图像融合。选择区域大小时需要结合具体的应用需求和图像特点，一般来说，区域划分越小，融合效果会越好，但计算量也会相应增大。

区域能量通过计算区域内小波分解系数的平方值和确定[14]，是描述图像的亮度特征指标，用于评价图像信息的丰富程度，因此区域能量越大说明该区域可能是目标的边缘或者是感兴趣内容。

待融合图像 A B 在以 $(x, y)$ 中心点的窗口（以 $3 \times 3$）能量，$E_{j,A}^{k}(x, y)$ 及 $E_{j,B}^{k}(x, y)$ 定义为

$$E_{j,A}^{k}(x,y) = \sum_{m=-1}^{1} \sum_{n=-1}^{1} W(m,n) \left[ D_{j,A}^{k}(x+m, y+n) \right]^2 \qquad (8.5)$$

式中   $j$——小波分解尺度；

$k = H, V, D$——水平、垂直和对角方向；

$D_{j,A}^{k}(x, y), D_{j,B}^{k}(x, y)$——图像 A B 在分解尺度 $j$ 上 $k = (H, V, D)$ 方向上 $(x, y)$ 点的高频小波系数值；

$W$——加权系数，取为

$$W = \frac{1}{16} \begin{bmatrix} 1 & 2 & 1 \\ 2 & 4 & 2 \\ 1 & 2 & 1 \end{bmatrix} \qquad (8.6)$$

利用左聚焦可见光图像图 8.8（a）和右聚焦可见光图像图 8.9（a）作为源图像，采用 Haar 小波作为图像分解工具，分解层数选择 3 层，窗口大小选择 $3 \times 3$，按照本书图像融合算法进行融合处理得到融合图图 8.8（b）和图 8.9（b）。同时，为了说明本文算法的优越性，将其与灰度平均融合算法、小波融合方法、融合结果进行比较，其中小波融合方法的融合规则为高频系数绝对值选大，其实验结果如图 8.10 所示。

（a）原图                （b）结果

图 8.8   左聚焦可见光图像融合实验

（a）原图　　　　　　　（b）结果

图 8.9　右聚焦可见光图像融合实验

（a）原图　　　　　　　（b）结果

图 8.10　小波融合方法图像融合实验

　　灰度平均融合算法通过平均两幅图像的清晰部分而提高整幅图像的清晰度，损失了原有的高清晰部分。从图 8.8 和图 8.9 可以看出，经多分辨率分解融合方法获得的实验结果与源图像相比信息更丰富，图像更清晰，融合图像的效果得到提升。从视觉效果上看，图 8.8 和图 8.9 在对比度方面较好，但清晰度和信息两方面难以从视觉上分出高下，这就需要通过客观定量分析。熵反映了图像的平均信息量，熵越大，信息越丰富，以客观评价指标熵进行效果评价。从量化结果上可以看出，本书算法融合后的图像（见图 8.11）熵比灰度平均融合算法、小波分解算法都高，说明本书算法的融合结果对比度更高，图像更

图 8.11　基于能量和对比度的小波融合图像

151

清晰，所含信息量更大。

融合规则是图像融合过程中的重点，其直接决定了融合的速度和质量。区域能量直接反映区域内的显著特征是否丰富，而对比度是更符合人眼视觉特性的一个参量，故本书从图像显著特征和对比度两个方面考虑，以小波变换为多分辨率分解工具，提出了基于能量和对比度的小波融合算法，并对多聚焦图像进行融合实验。通过实验仿真表明，本书提出的算法对多聚焦图像融合有较好的效果。

### 8.3.4　基于尺度不变特征变换的融合算法

尺度不变特征变换（Scale-Invariant Feature Transform, SIFT）是一种用于图像处理的算法，用来在图像中检测和描述局部特征，它能对图像的缩放、旋转和亮度变换都保持稳定性，即使视点或者照明条件改变，也能从图像中准确地提取出稳定的特征。该算法可以对图像进行尺度无关的特征提取，然后把得到的特征用于图像融合，其处理后的图像如图 8.12 所示。

基于 SIFT 特征的图像融合是一种常见的多源图像融合方法，旨在将不同来源或者在不同时间、位置获取的图像中的有用信息进行有效地结合，提供更全面、更精细和更准确的视觉信息。具体步骤包括特征提取、特征匹配、图像配准和图像融合。

（1）特征提取：在此阶段，将使用 SIFT 算法从每个源图像中提取特征点。SIFT 算法会找出图像的"关键点"，并为每个关键点生成一个描述子，这个描述子包含了关键点周围的图像特征的信息。这种方法不仅可以保证特征对缩放和旋转的不变性，同时还能对噪声、光照变化等因素具有很高的稳定性。

（2）特征匹配：使用 KNN（K 最近邻）算法或者其他匹配算法，对提取的 SIFT 特征进行配对。通常情况下，比较两个特征描述子的欧氏距离，将距离最近的两个特征点认为是匹配的一对。

（3）图像配准：基于上一步骤获得的特征匹配点对，通过几何变换模型（如平移、旋转、仿射、射影等）实现图像的配准，即将不同来源的图像对齐到同一幅图像中。

（4）图像融合：将配准后的图像进行融合。常用的融合算法包括平均法、选择最大亮度法、基于拉普拉斯金字塔的融合方法等。

基于 SIFT 特征的图像融合具有以下优点：由于 SIFT 特征本身对尺度、旋转以及亮度变化具有良好的不变性，因此基于这种特征的图像融合方法可以对图像调整的误差有很好的鲁棒性，使得融合的结果更为精确和稳定。不过，其计算复杂度较高，需要消耗较多的计算资源。

此外，对于处理的对象包含相应特征并且对处理速度要求不高的应用场景，如遥感图像处理、医学图像处理、多传感器图像处理等，基于 SIFT 特征的图像融合方法是一个有效的解决方案。

SIFT 算法的缺点是实时性不高，并且对于边缘光滑目标的特征点提取能力较弱，不够优化。

SURF 算法是 SIFT 算法的加强版本，同时能够加速提取更加鲁棒的特征，是 SIFT 算子的速度的三倍以上，并且提取出的特征点更有代表性，同时也对描述子的生成以及特征点的匹配进行了优化。其主要采用了 Harr 特征以及积分图像，加快了程序搜索和运行的时间，优化了特征点提取的理论算法。其处理后的图像如图 8.13 所示。

图 8.12　SIFT 算法处理后的图像

图 8.13　SURF 处理后的图像

## 8.4 新的循环交互式 GAN（CIGAN）算法

### 8.4.1 算法介绍

采用一种新的循环交互式 GAN（CIGAN）算法，可用于无监督的微光图像增强，同时实现光照调节、对比度增强和噪声抑制。这种算法对图像退化更全面的考虑导致循环建模中更有效的退化和增强过程。换句话说，在图像劣化中生成的低光图像越逼真和多样，图像增强的结果就越好和越鲁棒。在整个训练过程中，以不同真实低照度图像的信息为参考，合成了更多的低照度图像，有利于建立低照度/正常低照度图像之间的多重映射关系。其次，为了解决域不平衡问题，在退化发生器中加入了一种新的特征随机扰动。该扰动将可学习的随机仿射变换应用于中间特征，这平衡了两个域中特征的固有维度，并且有利于合成真实噪声。

近年来的无监督弱光增强方法摆脱了对成对训练数据拟合的基本限制，在调节图像亮度和对比度方面表现出了优异的性能。然而，对于无监督的弱光增强，由于缺乏对细节信号的监督，残余的噪声抑制问题在很大程度上阻碍了这些方法在实际应用中的广泛部署。本书提出了一种新的用于无监督弱光图像增强的循环交互式生成对抗网络（Cycle-Interactive Generative Adversarial Network，CIGAN），它不仅能够更好地传递弱光图像与正常光图像之间的光照分布，而且能够处理两个域之间的细节信号，在循环增强/降级过程中抑制/合成真实噪声。特别地，所提出的弱光引导变换将弱光图像的特征从增强 GAN 的生成器（enhancement GAN，eGAN）前馈到退化 GAN 的生成器（degradation GAN，dGAN）。dGAN 通过学习真实微光图像的信息，可以合成出更加真实的微光图像中的各种光照和对比度。此外，dGAN 中的特征随机扰动模块学习增加特征随机性，以产生多样化的特征分布，从而使合成的低光照图像包含真实感噪声。实验结果表明了该方法的优越性和 CIGAN 中各模块的有效性。

在低光照条件下获取的图像不可避免地由于各种视觉质量损害而劣化，例如不期望的可见度、低对比度和强噪声。弱光图像增强旨在从观察到的弱光图像恢复正常光潜像，以同时获得理想的可见度、适当的对比度和抑制的噪声。它极大地提高了图像的质量，有利于人类视觉感知，并且还可以辅助高级计算机视觉任务，例如图像分类、人脸识别和目标检测等。开创性的低光照图像增强方法扩展了低光照图像的动态范围，即直方图均衡化（HE），或者自适应地调整分解的照明和反射层，即基于 Retinex 的方法。

最近，基于深度学习的方法取得了显著的成功。这些方法中的大多数遵循监督学习的范例，并且严重依赖于准备好的成对正常/弱光图像来训练和评估模型。然而，常见的成对训练数据集受到它们各自的限制。第一，通过简化的模拟成像管道合成的数据可能无法捕获真实的低光图像的固有属性。第二，由专业修图师创建手工修图数据是相当劳动密集型和耗时的。采用这类数据作为训练数据，也要承担修图者个人素质偏差的风险。第三，真实的捕获的数据可能捕获真实的退化，但无法覆盖野外的各种场景和物体。此外，使用预定义设置（即曝光时间和 ISO）捕获的地面真实值可能不是最佳的。因此，基于成对数据的有监督方法不可避免地导致训练数据与真实的世界测试数据之间的域转移，进而给真实低照度图像的泛化带来挑战。

近年来，人们提出了一系列无监督的弱光增强方法。这些方法不依赖于成对的训练数据，并且只需要两个不成对的低/正常光图像集合。它们是基于单向生成对抗网络（GAN）或可学习曲线调整构建的。这些方法在亮度/对比度调节方面取得了良好的效果。然而，由于缺乏对细节信号的监控，一些具有挑战性的、带有强烈噪声的真实微光图像的质量并不令人满意。作为一个非常相似的主题，图像美学质量增强受益于 CycleGAN，以提供最先进的性能。我们认为，这些 CycleGAN 不能有效地处理弱光图像增强问题。首先，低光退化引入了信息丢失，这使得增强问题不明确。换句话说，低/正常光图像之间的映射是一对多映射。然而，CycleGAN 只能导致一对一的区别映射。其次，低/正常光域的固有维度是不平衡的，因为具有强噪声的低光图像反映更复杂的属性。这种不平衡可能干扰 CycleGAN 的训练，即退化生成器不能合成真实噪声，并且随后增强生成器不能处理真实退化。

本书提出一种新的循环交互式 GAN（CIGAN）算法，用于无监督的微光图像增强，同时实现光照调节、对比度增强和噪声抑制。对图像退化的更全面的考虑导致循环建模中更有效的退化和增强过程。换句话说，在图像劣化中生成的低光图像越逼真和多样，图像增强的结果就越好和越鲁棒。为解决 CycleGAN 的上述问题，从三个方面进行了努力。首先，我们使 CIGAN 中的退化和增强生成器相互作用。更具体地说，提出了一种新的弱光引导变换，将真实弱光图像的特征从增强生成器转移到退化生成器。在整个训练过程中，以不同真实低照度图像的信息为参考，合成了更多的低照度图像，有利于建立低照度/正常低照度图像之间的多重映射关系。其次，为了解决域不平衡问题，在退化发生器中加入了一种新的特征随机扰动。该扰动将可学习的随机仿射变换应用于中间特征，这平衡了两个域中特征的固有维度，并且有利于合成真实噪声。最后，设计了一系列先进的模块来提高 CIGAN 的建模能力，如在生成器端的双重注意模块，在鉴别器端的多尺度特征金字塔，作为增强生成器融合操作的对数图像处理模型。大量的实验结果表明，该方法优于现有的无监督方法，甚至优于现有的有监督方法。

在一般的 Generative Adversarial Network（GAN）框架中，有两个网络，一个是 Generator（G），一个是 Discriminator（D）。Generator 的任务是生成尽可能逼真的假图

像，而 Discriminator 的任务是尽可能区分出真实图像和生成的假图像。

CIGAN 包含两对生成器和判别器，两对生成器和判别器分别处理图像的退化和增强过程。以图像退化为例，生成器 $G_d$ 将正常图像 $I_h$ 转化为低光图像 $I_l$，判别器 $D_d$ 的任务是判断图像是真的低光图像还是生成的假的低光图像。同理，图像增强的生成器 $G_e$ 和判别器 $D_e$ 对接增强过程。

判别器的损失函数可以定义：

$$L_d = E[\log(D_d(I_h, I_l))] + E[\log(1 - D_d(I_h, G_d(I_h)))]$$

其中，$E$ 是期望，$I_h$ 是真实的正常图像，$I_l$ 是真实的低光图像，$G_d(I_h)$ 是生成的低光图像。

生成器的损失函数可定义为：

$$L_g = E[\log(1 - D_d(I_h, G_d(I_h)))] + \lambda E[\| I_h - G_e(G_d(I_h))\|_1]$$

其中，$\lambda$ 是超参数，$\| \cdot \|_1$ 表示 L1 范数。

随后使用梯度下降法同时优化以上两个损失函数。

图 8.14 通过更好地抑制人工伪影并且极大程度的保留图像的颜色信息，实现了更高视觉质量的增强效果。但是计算量较大，推理时间达到每张图像 0.1 s。然而，尽管可见光图像在许多方面都非常有用，但它们在某些特殊条件下的性能有限。为了克服这些问题，红外图像通常与可见光图像一起使用，以实现更可靠的目标检测和人体行为检测。红外图像捕获了目标的热辐射，不受光照条件的限制，因此在背光和弱光等挑战性条件下表现更为出色。通过将可见光和红外图像进行融合，可以充分利用它们的互补性，提高目标检测和人体行为检测的鲁棒性和准确性。

图 8.14　抑制人工伪影保留图像的颜色信息实现更高视觉质量的增强效果

## 8.4.2　实验分析

为了选取合适的 $\gamma$ 值用来分析图像 Gamma 变换前后细节的变化，计算了 500 张背光图像和 500 张正常光照图像在设置不同的 $\gamma$ 值时对应的平均细节变化，结果如图 8.15 所示。可以看出，当 $\gamma$ 值很小接近 0 时，图像校正后会出现曝光过度从而引起细节数量减少。针对背光图像来说，当 $0.08 \leqslant \gamma \leqslant 1.22$ 时校正后的细节增加，而且 $\gamma$ 值为 0.22 时细节的增幅达到最大，当 $\gamma \geqslant 1.22$ 时背光图像校正后的细节减少；而针对正常光照图像来说，当 $\gamma \geqslant 0.23$ 时，校正前后的细节数量变化不大。因此，可以选取 0.23 作为执行 Gamma 变换时的参数，然后计算变换前后的前景细节变化。

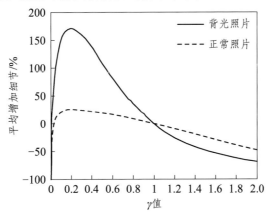

图 8.15　背光图像和正常光照图像在不同 Gamma 校正参数时的平均细节变化

由于不同图像相同 Gamma 值变换后细节数目变化不是恒定的，因此需要确定一个合适的细节变化量 $\Delta D$ 来判断图像是否存在背光。图 8.16 给出了 500 张背光图像和 500 张正常光照图像选取不同细节变化量 $\Delta D$ 时的背光图像检测准确率统计曲线。可以看出，当细节变化量 $\Delta D$ 为 63% 时，检测的准确率最高。因此，本书选择 63% 作为 Gamma 校正前后细节的变化阈值，当 $\Delta D \geqslant 63\%$ 时则认为输入图像是背光图像，否则为正常光照图像。

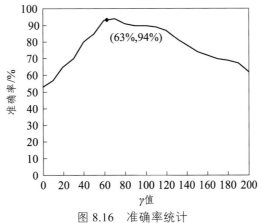

图 8.16　准确率统计

但是所需的平均运行时间为 0.98 s，满足不了实时的要求。

新的循环交互式 GAN（CIGAN）算法源代码：

```python
import torch
import torch.nn as nn
import torch.optim as optim
import torch.nn.functional asclass CIGAN(nn.Module):
    def __init__(self, latent_dim, num_classes):
        super(CIGAN, self).__init__()
        self.latent_dim = latent_dim
        self.num_classes = num_classes
            # 定义生成器和判别器
        self.generator = Generator(latent_dim, num_classes)
        self.discriminator = Discriminator(latent_dim, num_classes)
    def train_step(self, input_data):
        # 生成器生成样本
        generated_data = self.generator(input_data)
                # 判别器尝试区分真实数据和生成数据
        d_real = self.discriminator(input_data, True)
        d_fake = self.discriminator(generated_data, False)
                # 生成器最大化判别器的置信度
        g_loss = -d_fake.mean()
                # 判别器最小化真实数据和生成数据的置信度差
        d_loss = (d_real + d_fake).mean()
                # 优化器更新参数
        self.optimizer.zero_grad()
        d_loss.backward(retain_graph=True)
        g_loss.backward()
        self.optimizer.step()
# 生成器网络
class Generator(nn.Module):
    def __init__(self, latent_dim, num_classes):
        super(Generator, self).__init__()
        self.fc = nn.Linear(latent_dim, num_classes)
```

```python
    def forward(self, z):
        generated_data = F.sigmoid(self.fc(z))
        return generated_data
# 判别器网络
class Discriminator(nn.Module):
    def __init__(self, latent_dim, num_classes):
        super(Discriminator, self).__init__()
        self.fc = nn.Linear(num_classes, latent_dim)
    def forward(self, x, real=False):
        if real:
            output = F.sigmoid(self.fc(x))
        else:
            output = 1 - F.sigmoid(self.fc(x))
        return output
# 实例化 CIGAN 模型并设置优化器
model = CIGAN(latent_dim=100, num_classes=10)
optimizer = optim.Adam(model.parameters(), lr=0.0002)
model.optimizer = optimizer
# 训练样本
input_data = torch.randn(100, 10)
model.train_step(input_data)。
```

# 第 9 章

# 多特征的红外-可见光多源图像增强技术研究

以目标检测算法为核心的下游任务逐渐落地，如自动驾驶环境感知、视频监控、人脸识别等。但目前的目标检测算法大多基于单模态可见光图像为单一训练数据，在面临复杂环境，如光照条件不良、雨雾天时，此类算法精度不高，鲁棒性差。因此，近年来，越来越多的学者聚焦于联合可见光图像和红外图像进行相关研究，通过结合可见光图像具有清晰的目标纹理特征优势和红外图像不受光照条件影响，具有清晰的目标轮廓优势，以可见光图像和红外图像为多模态数据训练相关检测网络，从而提高检测算法的鲁棒性。红外与可见光图像融合旨在综合两类传感器的优势，互补生成的融合图像具有更好的目标感知和场景表达，有利于人眼观察和后续计算处理。红外传感器对热源辐射敏感，可以获取突出的目标区域信息，但所获得的红外图像通常缺乏结构特征和纹理细节。相反，可见光传感器通过光反射成像，可以获取丰富的场景信息和纹理细节，可见光图像具有较高的空间分辨率和丰富的纹理细节，但不能有效突出目标特性，且易受到外界环境影响，特别在低照度的环境条件下，信息丢失严重。由于红外和可见光成像机制的不同，这两类图像具有较强的互补信息，只有运用融合技术才能有效提高红外与可见光成像传感器的协同探测能力，在遥感探测、医疗诊断、智能驾驶、安全监控等领域有广泛应用。

目前，红外和可见光图像融合技术大致可以分为传统融合方法和深度学习融合方法。传统图像融合方法通常以相同的特征变换或特征表示提取图像特征，采用合适的融合规则进行合并，再通过反变换重构获得最终融合图像。由于红外与可见光传感器成像机制不同，红外图像以像素亮度表征目标特征，而可见光图像以边缘和梯度表征场景纹理。传统融合方法不考虑源图像的内在不同特性，采用相同的变换或表示模型无差别地提取图像特征，不可避免地造成融合性能低、视觉效果差的结果。此外，融合规则是人为设定，且越来越复杂，计算成本高，限制了图像融合的实际应用。

## 9.1 可见光图像增强算法

图像处理领域一直是计算机科学和工程学中的热门研究方向。图像的获取和处理在许多应用中都起到关键作用,如医学影像分析、计算机视觉、遥感图像处理等。Retinex算法作为图像增强和恢复的经典方法之一,提供了一种模拟人类视觉系统的方式来改善图像的质量和信息提取能力。

在现实场景中,由于光线、视角等问题会导致拍摄出来的照片比较阴暗,具体的图像如图 9.1 中的 1、3、5 列所示,然后这些阴暗的图片不仅会影响观察,而且会极大地影响计算机视觉处理算法的效果。图 9.1 中 2、4、6 列展示的是使用了低光照图像增强算法之后的效果。本书主要针对低光照的图片展开论述,对经典的一些低光照图像增强算法进行了总结和初步的分析。

图 9.1  低光照图像增强算法处理前后图像对比

Retinex 是一种常用的建立在科学实验和科学分析基础上的图像增强方法,其基础理论是物体的颜色是由物体对长波(红色)、中波(绿色)、短波(蓝色)光线的反射能力来决定的,而不是由反射光强度的绝对值来决定的,物体的色彩不受光照非均匀性的影响,具有一致性,即 Retinex 是以色感一致性(颜色恒常性)为基础的。不同于传统的线性、非线性的只能增强图像某一类特征的方法,Retinex 可以在动态范围压缩、边缘增强和颜色恒定三个方面做到平衡,因此可以对各种不同类型的图像进行自适应的增强。Retinex 理论指出,入射光决定了一幅图像中的所有像素点的动态范围的大小,而物体自身所固有不变的反射系数决定了图像的内在固有属性。也就是说,所看到的图像是照射光根据物体的反射系数所反射的光线形成的。很显然,如果把一幅图像看作是由照射光和反射光组成的话,Retinex 图像增强的基本思想就是去除照射光的影响,保留物体自身的反射属性。

### 9.1.1  Retinex 算法发展历程

Retinex 算法最初由 Edwin.H.Land 于 1963 年提出,其发展过程如图 9.2 所示。Land

对于颜色的研究不仅在科学领域产生了深远影响，他的发现也被用于商业应用，例如发展了极具影响力的宝丽来即时摄影。

但在 Retinex 的早期版本中，存在一定的缺点和限制，如对于一些具有复杂光照变化的图像表现并不理想，计算量过大等。这就导致了 Retinex 算法的不断发展和改进。

1987 年，Fischler 和 Elschlager 提出了一个考虑局部阈值和全局标准的扩展 Retinex 模型。这种模型不仅消除了主观亮度级别影响，而且在图像增强方面也取得了比 Land 原始方法更好的效果。

1997 年，Jobson 等人引入了自适应直方图平衡思想，提出了多尺度 Retinex 算法。这个算法与单尺度 Retinex 不同，它根据图像特性动态调整滤波尺寸，以实现更好的动态范围压缩和色彩恒常性。

2012 年，Li 和 Randhawa 提出了 Retinex-Combined Adaptive Wiener Filter（组合自适应维纳滤波，RAWF）方法，不仅在图像增强性能上有明显的提高，而且在计算复杂度上也有所优化。

2014 年，Meylan 等人提出了基于多尺度视觉系统的弱 Retinex 模型。这个模型结合了视觉系统的特性和摄影成像的物理特性，按照色彩恒常性原理对图像进行处理，取得了较好增强效果。

如今，Retinex 算法已经广泛应用于各种图像处理技术中，不仅用于图像增强，还应用于图像去雾、图像去噪、图像重建等领域。

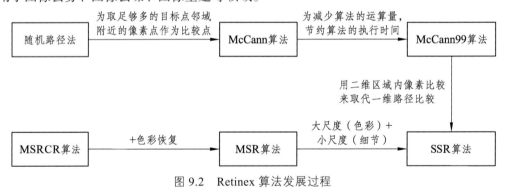

图 9.2　Retinex 算法发展过程

### 9.1.2　基于迭代的 Retinex 算法

图 9.3 所示为 Frankle-McCann 算法采用了一种新的基于螺旋结构的迭代分段线性比较，螺旋结构路径像素点间的比较是一个由远到近的比较过程，在进行完一次比较之后，下一次做比较的两个像素点间的间距缩短为上一次比较间距的一半，并且比较路径

的方向同时也按顺时针方向发生转变，就这样逐次比较直至像素点间距为 1 为止。

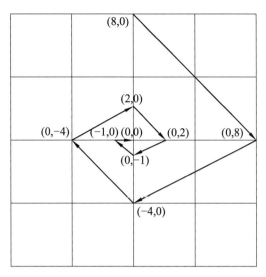

图 9.3　基于螺旋结构的迭代分段线性比较路径

Frankle-McCann Retinex 算法步骤：

（1）数据的前期转换。

① 把原图像的像素值由整数域转到对数域，减少后续算法的运算量。

② 对于彩色图像要先分解为 RGB 三幅灰度图再转换。

③ 因为 RGB 图像的像素值是（0，255），在做对数运算时为避免负值的出现，可以将原图像像素值整体加 1，即 $s(x，y)=\log(1+S(x，y))$。

（2）初始化一个与原图像 $S(x，y)$ 同样大小的常数为 $t$ 的矩阵。

若 $m \times n$ 的图像，则矩阵包含 $m \times n$ 个 $t$，保证每个像素点都进行一次迭代。$t$ 是原图像亮度的均值。

（3）求解 $S=2P$ 的值，$P=\text{fix}[\log 2 \min(m，n)-1]$，$S$ 是目标点与两个比较点之间的最大距离。

（4）计算路径上的像素点。

假设 $r_n(x，y)$ 是上一次迭代的结果，将此次迭代差值累加保存到相应的 $r_n(x，y)$ 位置中，最终得到此次的迭代结果，然后再对两者做一个平均，最后得到输出结果。Δ1 是目标点在此路径上的亮度差。

（5）令 $S=-S/2$，每次下一步的两个比较点与目标点的间距缩短为上一步的一半，同时方向按顺时针改变，即 $S=-S/2$。

（6）重复（3）、（4）、（5）三个步骤，直到|S|<1。

（7）迭代 n 次，也就是重复（3）、（4）、（5）、（6）四个步骤 n 次，每次迭代选取不同的初始比较点。

（8）线性拉伸，彩色图像还需要三个通道的合成，然后输出显示。

经过像素间的比较校正 n 次迭代之后，输出结果是以初始化值 t 为中心，集中分布在 t 附近的一系列的浮点数。也就是说原图像的数据经过迭代后起到了压缩的效果，因此需要对迭代结果做线性拉伸处理，提高图像对比度。通常采用的 8 bit 图像的动态范围值是 0 ~ 255。

### 9.1.3 McCann99 Retinex 算法

图 9.4 提出了一种金字塔比较模型，从金字塔顶端到底端分辨率由低到高，依次逐层迭代。这种采用分辨率由低到高的迭代方法可以有效减少算法的运算量，节约算法的执行时间。

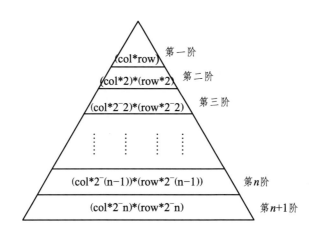

图 9.4　一种金字塔比较模型

1. 算法步骤

（1）将原图像变换到对数域 $S$。

（2）初始化（计算图像金字塔层数；初始化常数图像矩阵 $R$ 作为进行迭代运算的初始值）。

（3）从顶层开始，到最后一层进行 8 邻域比较运算，运算规则与 MccCann Retinex 算法相同。

（4）第 $n$ 层运算结束后对第 $n$ 层的运算结果进行插值，变成原来的两倍，与 $n+1$ 层大小相同。

（5）当最底层计算完毕，得到的即最终增强后的图像。

2. 局限性

读取图像的尺寸必须符合 2 的整数次幂，即图像长宽可表示为（$col \times 2^n$）×（$row \times 2^n$），col 必须大于 row，并且属于集合 {1，2，3，4，5}。

$$
\begin{bmatrix} \cdots & \cdots & e \\ \cdots & \cdots & d \\ a & b & c \end{bmatrix} \rightarrow \begin{bmatrix} \cdots & \cdots & e & e \\ \cdots & \cdots & d & d \\ a & b & c & c \\ a & b & c & c \end{bmatrix} \tag{9.1}
$$

这种方法需要适用于各种尺寸的图像，保持扩展后的图像与原图的一致性，尽量避免扩展像素点对原图的干扰，采取只对图像边界扩展的方法。

3. 基于迭代的 Retinex 算法总结

迭代次数对算法的影响：算法的执行时间随着迭代次数 $n$ 取值变大而增加，$n$ 取 5～8 能同时兼顾图像质量和计算速度。

优点：颜色恒常性、动态范围压缩大（像素点丰富）、色彩逼真度高（图像高保真）。

缺点：增强后的图像存在"光晕"现象，即在图像色彩交界处渐变光晕缺陷同样也存在于其他 Retinex 算法之中。

## 9.2 RetinexNet 算法效果展示与分析

图 9.5 第一张展示了 Retinex-Net 算法在一些室内和室外场景下和其他不同增强算法的比较结果，第一列表示原始的输入图片，最后一列表示使用 Retinex-Net 增强之后的结果。与其他的算法相比，Retinex-Net 算法能够获得更清晰的增强效果，图像的细节更加丰富。第二张展示了 Retinex-Net 算法在真实的文档图片上面的增强效果，第一行表示原始的输入图片，第二行表示增强后的图片，增强后的图像看起来更加清晰，便于后续算法的处理。

图 9.5　Retinex-Net 增强前后对比

## 9.3　红外光图像增强算法

热红外图像是通过测量物体表面的热辐射来获取的，具有以下特点：

（1）低对比度：由于物体表面的热辐射通常具有较小的温度差异，图像的对比度较低，难以清晰区分不同物体和细节。

（2）噪声干扰：热红外传感器本身会引入噪声，同时环境因素如大气湿度和温度变化也会导致图像中的噪声。

（3）较低分辨率：与可见光图像相比，热红外图像通常具有较低的空间分辨率，因此需要额外的增强来提高细节可见性。

热红外图像增强是热成像领域中的重要技术之一，主要用于提高热红外图像的质量和可视化效果。热红外图像由于其独特的物理特性和应用场景，与可见光图像相比具有不同的特征和挑战。本书将介绍热红外图像增强算法，并详细说明四个以上的具体算法，分别是基于直方图均衡化的增强、基于自适应直方图均衡化的增强、基于 Retinex 理论的增强和基于小波变换的增强。

（1）基于直方图均衡化的增强。直方图均衡化是一种广泛用于改善图像对比度的技术，其原理是将原始图像的灰度值通过某种映射关系转换，使得输出图像的直方图尽可能均匀分布，从而提高图像的对比度。不过这种方法有个明显的缺点，就是对图像中的局部特征增强效果并不理想。

（2）基于自适应直方图均衡化的增强，由于其能够自适应调整增强的程度，因此对于图像中的局部特征，如边缘等有着更好的增强效果。自适应直方图均衡化首先会将图像分为若干个小区域，对每一个小区域进行直方图均衡化。但是由于每个小区域的处理是相互独立的，因此可能会引入区域间的伪影。

（3）基于 Retincx 理论的增强算法主要是去除图像中的照明成分，强化反射成分。Retinex 理论认为观察到的图像是由场景的反射性和照明条件两部分构成的，通过分离这两部分来增强图像的反射性，从而得到更好的视觉效果。这种方法特别适合用于处理照明条件变化大或者光照不均的情况。

（4）基于小波变换的增强，是一种能够在时间域和频率域同时对数据进行分析的方法。通过小波变换，可以把图像分解为不同的频带和空间尺度，分别进行处理。对于红外图像，通常通过小波变换提高图像的对比度，强化图像细节。它能在不同的尺度上分析图像，所以可以很好地保留图像的局部特性，但这种方法的缺点是计算复杂度较高。

### 9.3.1 热红外图像增强的原理

热红外图像增强的原理主要是对原始热红外图像进行预处理和后处理，以提高图像的质量和可视化效果。预处理主要包括去除噪声、平滑化和去噪等，后处理主要包括增强图像的对比度、清晰度和边缘等。预处理是热红外图像增强的第一步，旨在减少噪声、平滑化图像并增强图像的质量。主要的预处理步骤包括：

（1）去噪：采用各种去噪方法，如中值滤波、小波降噪或高斯滤波，以去除图像中的随机噪声。在预处理阶段，除了已经提到的技术外，还有一些细微但同样重要的步骤需要注意。例如，在去噪阶段，需要仔细选择去噪算法来降低噪声，同时不损失或者降低图像的细节信息。对于热平衡校正，可能需要考虑到传感器的特性和温度变化等多个因素，需要依赖设备提供商提供的修正函数或者自行设计修正方法。

（2）热平衡：在图像中进行热平衡校正，以消除由于传感器不均匀性引起的亮度差异。

（3）直方图均衡：应用直方图均衡技术来扩展图像的动态范围，增强对比度。在进行直方图均衡时，不仅要使得图像的直方图接近均匀分布，还需要避免过度的增强造成细节丢失。因此，这一步也需要配合其他技术一起使用，例如自适应直方图均衡化。

（4）后处理：后处理进一步改善图像的可视化效果和信息提取能力。后处理阶段的关键在于找到合适的增强方法提升图像质量。对比度增强可以调整图像的亮度和对比度，使图像中不同区域的特性可以更清晰地展现出来。而边缘增强则是为了使图像中的物体更明确、更具有辨识度，让观察者更好地理解图像中的内容。细节增强通过强化图像中的高频分量，从而增强了图像的局部特性和纹理信息。

（5）对比度增强：通过增加图像中的亮度差异，使物体边缘更加清晰可见，提高图像的对比度

（6）边缘增强：使用边缘检测算法，如 Sobel、Canny 等，以突出物体边缘，使其更加显著。

（7）细节增强：运用细节增强技术，如锐化滤波或增强的小波变换，以增强图像中的细节信息。

（8）色彩映射：将热红外图像映射到伪彩色图像，使温度信息更直观可见。色彩映射也是一个非常重要的步骤，因为人眼对色彩的敏感度高于对灰度的敏感度，将热红外图像通过色彩映射转换成伪彩色图像，可以更好地释放图像中的信息，使其更易于人眼分辨。

选择哪些预处理和后处理技术，并确定其参数，需要根据图像的具体特性和应用需求来决定。例如，在通过无人机监测森林火情的应用中，可能需要强调火源的高温特征，并抑制环境的无关信息，这就需要选择利于增强高温特性的方法和参数。

### 9.3.2 基于直方图均衡化的增强

图 9.6 所示的直方图均衡化是一种常见的图像增强算法，可将原始图像的直方图分布转换为均匀分布，以增强图像的对比度和清晰度。在热红外图像中，直方图均衡化可通过以下步骤实现：

（1）对原始热红外图像进行灰度化处理，得到灰度图像。使用灰度化处理是因为热红外图像本质上就是灰度图像，其像素值对应的是测量到的温度值。而将颜色图像转换为灰度图像的过程就是降低图像的复杂性，将问题简化为一维直方图均衡化问题。

（2）计算灰度图像的直方图分布，并计算每个灰度级别的像素数量。计算直方图的目的是统计图像中每个灰度级别的像素数量，反映了图像的亮度分布，从直方图可以看出图像的对比度、亮度等信息。对于热红外图像，直方图的垂直轴通常代表每个灰度级别下的像素数量，水平轴则代表灰度级别。

（3）计算直方图分布的累积分布函数（CDF），并计算新的灰度级别，使得 CDF 在每个灰度级别处等于常数（通常为 256 个灰度级别）。计算累积分布函数（CDF）的目

的是实现均衡化的效果。CDF 描述了一个随机变量在特定值以下的概率，通过计算灰度级别对应的 CDF，可以得到一个将输入灰度级别映射到输出灰度级别的函数。这个映射函数可以使得输出图像的直方图接近均匀分布。

（4）将原始热红外图像中的每个灰度级别映射到新的灰度级别，以得到增强后的图像后，将原始图像中的每个灰度级别像素映射到新的灰度级别上，需要用到上述的映射函数。每个像素都要经过这样的映射，得到的新图像就是增强后的图像。更为具体地说，设原灰度图像的像素值为 $T$，新的灰度级别为 $S$，映射函数为 $f$，那么就有 $S=f(T)$。完成上述步骤后，就可以得到对比度增强的热红外图像。

直方图均衡化是一种相对简单的方法，虽然无法处理复杂的光照和反射，比如阴影、高光等成像问题，但仍广泛应用于图像预处理，以便于后续步骤减小图像照明的变化带来的影响，并提升图像对比度和可见性。

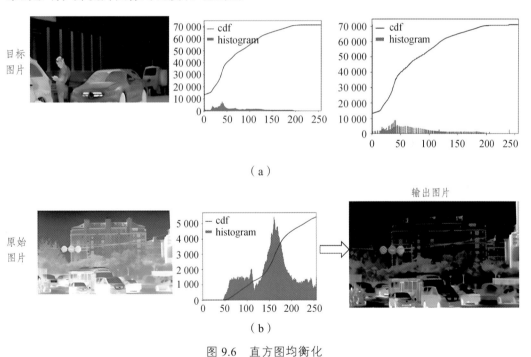

图 9.6　直方图均衡化

### 9.3.3　基于自适应直方图均衡化的增强

图 9.7 所示的自适应直方图均衡化是一种改进的直方图均衡化算法，能够根据图像局部特征进行增强。该算法将原始图像划分为多个局部区域，并对每个局部区域分别进

行直方图均衡化处理。在热红外图像中，自适应直方图均衡化可通过以下步骤实现：

（1）对原始热红外图像进行灰度化处理，得到灰度图像。

（2）将灰度图像划分为多个局部区域，通常使用固定大小的块或椭圆形的窗口。

（3）对每个局部区域进行直方图均衡化处理，以得到局部增强后的图像。

（4）将所有局部增强后的图像进行合并，以得到全局增强后的图像。

自适应直方图均衡化算法根据热红外图像的局部特征进行了增强，使得图像中的目标和背景更加明显，同时避免了全局直方图均衡化带来的过增强问题。

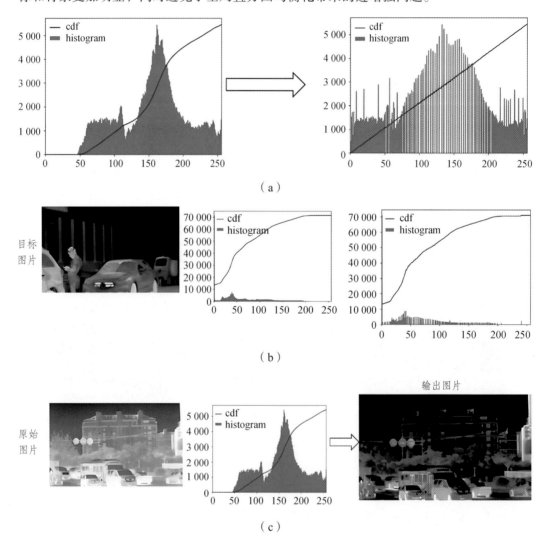

图 9.7　自适应直方图均衡化

### 9.3.4  基于 Retinex 理论的增强

图 9.8 所示的 Retinex 理论是一种基于生物视觉系统的颜色恒定理论，认为物体的颜色是由其表面反射和发射的光线所决定的。在热红外图像中，基于 Retinex 理论的增强算法可通过以下步骤实现：

（1）估计光照分量：采用高斯核或多尺度高斯核来近似表示光照分量。通过对图像进行卷积操作，如小波变换或者中值滤波等，来估计光照分量并去除其影响。此外，也可以使用统计方法如直方图分析等来提高光照分量的估计精度。对于复杂的光照条件，可以适应性地设计和修改高斯核，以更准确地模拟和估计光照变化。

（2）色彩恢复：通过将估计出的光照分量与原始图像的色彩信息相乘来恢复图像的色彩信息。这一步可以采用色彩空间变换，将图像从 RGB 色彩空间转换到更符合人眼视觉的色彩空间，如 HSV 色彩空间，进行色彩恢复。同时，也可以引入色彩恢复模型，如基于人眼视觉系统的色彩恢复模型，以获得更真实和自然的图像。

（3）对比度增强：通过线性或非线性变换来增强图像的对比度，提高图像的视觉效果。可以使用直方图均衡化、局部对比度增强、自适应增强等方法来进行对比度增强。非线性变换如幂律变换、对数变换等，也可以有效改善图像的对比度。同时，在增强过程中考虑图像的噪声和细节保护，可以提高图像增强的效果。

通过以上三个步骤，基于 Retinex 理论的图像增强过程可以得到明亮、对比度高、色彩恢复正确的图像。流程的优化可以始终考虑图像的噪声、边缘、细节等因素，以得到最好的图像增强效果。在实际应用中，基于 Retinex 的图像增强方法可以通过不同的算法和实现方式来进一步优化和改进，以获得更好的增强效果和适应不同应用场景的需求。

图 9.8  基于 Retinex 理论的增强算法处理图像

## 9.4  基于 Retinex 的红外光图像增强算法

单尺度 Retinex（SSR）是 Retinex 的基本实现，结构简单，运算速度快。其基础公式如下：

$$S = R(L \times F) \tag{9.2}$$

式中　$S$——观察到的图像；

　　　$L$——光照分布（照明成分）；

　　　$F$——反射分布（物体表面的反射率）；

　　　$R$——对数运算。

可以通过 Retinex 公式将某个像素的颜色值看作其本身的反射率和照明强度的乘积。目标是以照明和反射率的形式将输入图像分解，然后只保留反射率，这样能提供永久颜色信息，且不受光源色温、光照强度等影响。

对公式取对数后可以将乘法转换为加法，然后用高斯滤波器模拟光源分布，得到如下公式：

$$\log(s(x, y)) = \log(l(x, y)) + \log(f(x, y)) \tag{9.3}$$

式中　$\log(s(x, y))$——输入图像的对数；

　　　$\log(l(x, y))$——光照分布的对数；

　　　$\log(f(x, y))$——反射率分布的对数。

此公式展示了 Retinex 理论的基本想法。$s(x, y)$ 表示在坐标 $(x, y)$ 处观察到的像素亮度（颜色），它由当地的光源强度 $l(x, y)$ 和物体表面的反射率 $f(x, y)$ 的乘积决定。为了简化计算，对方程取对数，将乘法转变为加法。

为了得到增强后的图像，需要消除光照成分 $\log(l(x, y))$，只保留 $\log(f(x, y))$。这可以通过以下公式实现：

$$\log(f(x, y)) = \log(s(x, y)) - \log(l(x, y)) \tag{9.4}$$

此公式是目标函数，也就是说，希望消除光照的影响，使得最后的图像只决定于原物体的反射色。所以，需要计算出 $\log(l(x, y))$，然后从输入图像的对数中减去它，以得到反射率的对数。

使用高斯模糊（Gaussian blur）来近似估计 $\log(l(x, y))$。这是因为在一个小的区域内，认为光照变化是缓慢的，所以可以通过对邻近像素的平均借以获得每个像素位置的光照估计。

最后，希望恢复出增强后的图像，需要消除对数，于是有

$$F(x, y) = \exp\{\log(s(x, y)) - \log(l(x, y))\} \tag{9.5}$$

将上面的结果通过指数运算还原回原来的线性颜色空间，即得到了最终的增强图像。

最后，使用指数函数恢复原始的色彩空间，得到增强的红外图像。但这种方法可能

存在颜色偏移、色彩过度增强等问题。为此，往往需要引入彩色恢复技术，如自动白平衡等，以优化图像增强效果。

这个基于 Retinex 理论的增强方法可以有效提高图像的对比度和视觉效果，特别是在红外图像中，它能够提升图像的辨识度和对目标的理解。但它也有一些缺点，如可能引入光晕效应，尤其是在高光和阴影区域；还可能引来图像的颜色失真。为了解决这些问题，需要引入更复杂的模型，如多尺度 Retinex（MSR）和自动颜色平衡等。

基于 Retinex 的红外光图像增强算法源代码：

```
// Retinex.cpp : Defines the entry point for the console application.
#include "stdafx.h"
#include <stdio.h>
#include <string.h>
#include <windows.h>
#include <cmath>
#include <time.h>
#include <iostream>
#include "opencv2/core/core.hpp"
#include "opencv2/highgui/highgui.hpp"
#include "opencv2/imgproc/imgproc.hpp"
#pragma comment(lib, "opencv_core2410d.lib")            #pragma
comment(lib, "opencv_highgui2410d.lib")            #pragma
comment(lib, "opencv_imgproc2410d.lib")


using namespace std;using namespace cv;
#define EPSILON 1
#define DELTA 1
#define GAMMA 0.9
#define PI 3.1415926
#define ALPHA_c 1
//  Read a 8 bit bmp File
BYTE *Read8BitBmpFile2Img(const char * filename, int *width, int
*height)
{   FILE * BinFile;
BITMAPFILEHEADER FileHeader;
```

```
        BITMAPINFOHEADER BmpHeader;
        BYTE *img;
        int size;
        int Suc=1;
        // Open File
        *width=*height=0;
        if((BinFile=fopen(filename, "rb"))==NULL) return NULL;
        // Read Struct Info
        if   (fread((void   *)&FileHeader ,  1 ,  sizeof(FileHeader)  ,
BinFile)!=sizeof(FileHeader)) Suc=-1;
        if   (fread((void   *)&BmpHeader ,  1 ,  sizeof(BmpHeader)  ,
BinFile)!=sizeof(BmpHeader)) Suc=-1;
        if (Suc==-1) { fclose(BinFile); return NULL; }
        // Read Image Data
        *width=(BmpHeader.biWidth+3)/4*4;
        *height=BmpHeader.biHeight;
        size=(BmpHeader.biWidth+3)/4*4*BmpHeader.biHeight;
        fseek(BinFile, FileHeader.bfOffBits, SEEK_SET);
        if ( (img=new BYTE[size+8])!=NULL)
        {            if(fread(img+8-int(img)%8 ,   sizeof(BYTE)  ,   size  ,
BinFile)!=(unsigned int)size)
        { fclose(BinFile);
        delete img;
        img=NULL;
        return NULL;
        }
        }
        fclose(BinFile);
        return img;
        }
        // Write a 8 bit bmp File
        int Write8BitImg2BmpFile(BYTE *img, int width, int height, const char
* filename)
```

```
{   FILE * BinFile;
BITMAPFILEHEADER FileHeader;
BITMAPINFOHEADER BmpHeader;
BYTE p[4];
int i, Suc=1;
// Open File
if((BinFile=fopen(filename, "w+b"))==NULL) {   return -1; }
//   Fill the FileHeade)
FileHeader.bfType= ((WORD) ('M' << 8) | 'B');
FileHeader.bfOffBits=sizeof(BITMAPFILEHEADER)+sizeof(BmpHeader)+2
56*4L;
FileHeader.bfSize=FileHeader.bfOffBits+width*height ;
FileHeader.bfReserved1=0;
FileHeader.bfReserved2=0;
if   (fwrite((void   *)&FileHeader ,   1 ,   sizeof(FileHeader) ,
BinFile)!=sizeof(FileHeader)) Suc=-1;
// Fill the ImgHeader
BmpHeader.biSize = 40;
BmpHeader.biWidth = width;
BmpHeader.biHeight = height;
BmpHeader.biPlanes = 1 ;
BmpHeader.biBitCount = 8 ;
BmpHeader.biCompression = 0 ;
BmpHeader.biSizeImage = 0 ;
BmpHeader.biXPelsPerMeter = 0;
BmpHeader.biYPelsPerMeter = 0;
BmpHeader.biClrUsed = 0;
BmpHeader.biClrImportant = 0;
if   (fwrite((void   *)&BmpHeader ,   1 ,   sizeof(BmpHeader) ,
BinFile)!=sizeof(BmpHeader)) Suc=-1;
// write Pallete
for (i=0, p[3]=0;i<256;i++){  p[3]=0;
    p[0]=p[1]=p[2]=i; // blue, green, red;
```

```
        if (fwrite((void *)p, 1, 4, BinFile)!=4) { Suc=-1; break; }
    }
    // write image data
    if (fwrite((void *)img, 1, width*height, BinFile)!=(unsigned int)
width*height) Suc=-1;
    // return;
    fclose(BinFile);
    return Suc;
    }
    //  Read a 24 bit bmp File
    BYTE *Read24BitBmpFile2Img(const char * filename, int *width, int
*height)
    {   FILE * BinFile;
        BITMAPFILEHEADER FileHeader;
        BITMAPINFOHEADER BmpHeader;
        BYTE *img;
        int size;
        int Suc=1;

        // Open File
        *width=*height=0;
        if((BinFile=fopen(filename, "rb"))==NULL) return NULL;
        // Read Struct Info
        if (fread((void  *)&FileHeader , 1 , sizeof(FileHeader) ,
BinFile)!=sizeof(FileHeader)) Suc=-1;
        if (fread((void  *)&BmpHeader , 1 , sizeof(BmpHeader) ,
BinFile)!=sizeof(BmpHeader)) Suc=-1;
        if (Suc==-1) { fclose(BinFile); return NULL; }
        // Read Image Data
        *width=(BmpHeader.biWidth+3)/4*4;
        *height=BmpHeader.biHeight;
        size=(*width)*(*height)*3;
        fseek(BinFile, FileHeader.bfOffBits, SEEK_SET);
```

```
        if ((img=new BYTE[size+8])!=NULL)
        {       if(fread(img+8-int(img)%8, sizeof(BYTE), size, BinFile)!=
(unsigned int)size)
            {           fclose(BinFile);
                delete img;
                img=NULL;
                return NULL;
            }
        }
        fclose(BinFile);
        return img;
    }
    //  write a 24 bit bmp File
    bool Write24BitImg2BmpFile(BYTE *img, int width, int height, const
char * filename)
    {   FILE * BinFile;
        BITMAPFILEHEADER FileHeader;
        BITMAPINFOHEADER BmpHeader;
        bool Suc=true;
        int y, i, extend;
        BYTE *pCur;

        // Open File
        if((BinFile=fopen(filename, "w+b"))==NULL) {  return false; }
        // Fill the FileHeader
        FileHeader.bfType= ((WORD) ('M' << 8) | 'B');
        FileHeader.bfOffBits=sizeof(BITMAPFILEHEADER)+sizeof(BmpHeader
);
        FileHeader.bfSize=FileHeader.bfOffBits+width*height*3L ;
        FileHeader.bfReserved1=0;
        FileHeader.bfReserved2=0;
        if (fwrite((void *)&FileHeader, 1, sizeof(FileHeader), BinFile)!=
sizeof(FileHeader)) Suc=false;
```

```
// Fill the ImgHeader
BmpHeader.biSize = 40;
BmpHeader.biWidth = width;
BmpHeader.biHeight = height;
BmpHeader.biPlanes = 1 ;
BmpHeader.biBitCount = 24 ;
BmpHeader.biCompression = 0 ;
BmpHeader.biSizeImage = 0 ;
BmpHeader.biXPelsPerMeter = 0;
BmpHeader.biYPelsPerMeter = 0;
BmpHeader.biClrUsed = 0;
BmpHeader.biClrImportant = 0;
if (fwrite((void *)&BmpHeader, 1, sizeof(BmpHeader), BinFile)!=
sizeof(BmpHeader)) Suc=false;
// write image data
extend=(width+3)/4*4-width;
if (extend==0)
{       if (fwrite((void *)img, 1, width*height*3, BinFile)!=(unsigned
int)3*width*height) Suc=false;
    }
    else
{       for(y=0, pCur=img;y<height;y++, pCur+=3*width)
    {           if (fwrite((void *)pCur, 1, width*3, BinFile)!=
(unsigned int)3*width) Suc=false; // 真实的数据
            for(i=0;i<extend;i++) // 扩充的数据
            {              if (fwrite((void *)(pCur+3*(width-1)+0),1,
1, BinFile)!=1) Suc=false;
                if (fwrite((void *)(pCur+3*(width-1)+1),1,1,BinFile)
!=1) Suc=false;
                if (fwrite((void *)(pCur+3*(width-1)+2),1,1,BinFile)
!=1) Suc=false;
            }
        }
```

```
        }
        // return;
        fclose(BinFile);
        return Suc;
}


//
// Logarithm Transform
// OrgImg:  point to original image
// widht:  the width of the image
// height: the height of the image
// LogImg:  point to logarithm transform  of the image
//
void  LogarithmTransform(int  *OrgImg, int  width, int  height, int
*LogImg)
{
        int *pLog=LogImg, *pCur=OrgImg;
        int i, size, temp;
        size=width*height;
        for(i=0;i<size;i++)
        {
            temp=*pCur++;
            if(temp==0) *pLog++=0;
            else *pLog++=log(float(temp))*2048;
        }
        return;
}

//  计算窗口内像素灰度和

void Ini(BYTE *pOrgImg, int width, int height, int *sum)
{
        int i, j;
```

```
    BYTE *pCur;
    pCur=pOrgImg;
    *sum=*pCur;
    for(i=1;i<height;i++)
        *(sum+i*width)=*(sum+(i-1)*width)+*(pCur+i*width);
    for(j=1;j<width;j++)
        *(sum+j)=*(sum+j-1)+*(pCur+j);
    for(i=1;i<height;i++)
    {
        for(j=1;j<width;j++)        {
    *(sum+i*width+j)=*(sum+(i-1)*width+j)+*(sum+i*width+j-1)-
*(sum+(i-1)*width+j-1)+*(pCur+i*width+j); //卷积计算
        }
    }
    return;
}


//
// 局部非线性对比度增强
//
void LocalNonlinearStretch(BYTE *OrgImg, int width, int height, int
*ResData)
{
    int i, j, k, s, size=width*height;
    int *pData, *sum, sum1;
    double avg, min, max, nor;
    BYTE *pCur=OrgImg;
    sum=new int[width*height];
    pData=ResData+width+1;
    // Ini(OrgImg, width, height, sum);
    for(i=0;i<height-2;i++, pCur+=2, pData+=2)
    {
        min=*pCur;
```

```
                max=*pCur;
                for(k=0;k<3;k++)
                {
                    for(s=0;s<3;s++)
                    {
                        if(*(pCur+k*width+s)<min) min=*(pCur+k*width+s);
                        else if(*(pCur+k*width+s)>max) max=*(pCur+k*width+
s);
                    }
                }

        sum1=(*pCur+*(pCur+1)+*(pCur+2)+*(pCur+width)+*(pCur+width+1)+*(p
Cur+width+2)+*(pCur+width*2)+*(pCur+width*2+1)+*(pCur+width*2+2));
                avg=(sum1-*(pCur+width+1))/8.0;
                nor=(*(pCur+width+1)-min+1)/double(max-min+1);
                *pData=(*(pCur+width+1)+(*(pCur+width+1)-
avg)*pow((nor+EPSILON), DELTA)+0.5)*2048;
                pCur++;
                pData++;
                for(j=1;j<width-2;j++, pCur++, pData++)
                {
                    min=*pCur;
                    max=*pCur;
                    for(k=0;k<3;k++)
                    {
                        for(s=0;s<3;s++)
                        {
                            if(*(pCur+k*width+s)<min) min=*(pCur+k*width+s);
                            else if(*(pCur+k*width+s)>max) max=*(pCur+k*
width+s);
                        }
                        sum1=sum1-*(pCur+k*width-1)+*(pCur+k*width+2);
                    }
```

```
            //avg=((*(sum+(i+3)*width+j+3)-*(sum+i*width+j+3)-
    *(sum+(i+3)*width+j)+*(sum+i*width+j))-*(pCur+width+1))/8.0;
                //
        avg=(*pCur+*(pCur+1)+*(pCur+2)+*(pCur+width)+*(pCur+width+2)+*(pC
    ur+width*2)+*(pCur+width*2+1)+*(pCur+width*2+2))/8.0; //  s/8.0*256
                avg=(sum1-*(pCur+width+1))/8.0;
                nor=(*(pCur+width+1)-min+1)/double(max-min+1);
                *pData=(*(pCur+width+1)+(*(pCur+width+1)-
    avg)*pow((nor+EPSILON), DELTA)+0.5)*2048;
            }
        }
        delete sum;
        return;
    }
    //
    //  Gaussian Template
    //
    void GaussianTemplate(int *Template, int Tsize, double c)
    {
        int *pCur;
        double Lemda, c1=c*c;
        int i, j;
        Lemda=0;
        for(pCur=Template, i=-((Tsize-1)>>1);i<=((Tsize-1)>>1);i++)
        {
            for(j=-((Tsize-1)>>1);j<=((Tsize-1)>>1);j++, pCur++)
            {
                *pCur=(exp(-(i*i+j*j)/c1))*2048;
                Lemda+=*pCur;
            }
        }
        Lemda=2048.0/Lemda;
        for(pCur=Template, i=0;i<Tsize*Tsize;i++, pCur++)
```

```
    {
        *pCur=Lemda*(*pCur);
    }

    return;
}


//
//  3*3 Gaussian Template
//
void GaussianTemplate2(int *Template, double c)
{
    int *pCur;
    double Lemda, c1=c*c;
    int i, j;
    Lemda=1.0/sqrt(c*c*PI)*0.7*2048;
    for(pCur=Template, i=-1;i<=1;i++)
    {
        for(j=-1;j<=1;j++)
        {
            *pCur++=Lemda*exp(-(i*i+j*j)/c1);
        }

    }
    return;
}


//
// 单尺度 Retinex
// OrgImg: point to  original image
// widht: the width of the image
// height: the height of the image
// ResImg: point to the result image
```

```
        //
        void SSR(int *LogImg, BYTE *OrgImg, int width, int height, int *ResData,
    int *Template, int Tsize)
        {
            BYTE *pCur=OrgImg;
            int i, j, k, s, size=width*height;
            int temp, *pData, *pCtr, *ptmp, *pRes, temp2;
            double r=1.0/GAMMA;
            memset(ResData, 0, sizeof(int)*width*height);
            pRes=ResData+((Tsize-1)/2)*width+((Tsize-1)/2);
            pCtr=LogImg+((Tsize-1)/2)*width+((Tsize-1)/2);
            ptmp=Template;
            for(i=(Tsize-1)/2;i<height-((Tsize-1)/2);i++, pRes+=Tsize-1,
    pCtr+=Tsize-1, pCur+=Tsize-1)
            {
                for(j=(Tsize-1)/2;j<width-((Tsize-1)/2);j++,pRes++,pCtr++,
    pCur++)
                {
                    temp=0;
                    ptmp=Template;
                    for(k=0;k<Tsize;k++)
                    {
                        for(s=0;s<Tsize;s++)
                        {
                            temp+=(*(pCur+k*width+s)*(*ptmp++));
                        }
                    }
                    if(temp==0) *pRes=exp(pow(*pCtr>>11, r));
                    else            {
                        temp2=(*pCtr)-(log(float(temp>>22)))*2048;
                        if(temp2>0) *pRes=(exp(pow((temp2>>11), r)))*2048+
    (temp>>11);
                        else if(temp2<0) *pRes=exp(0-pow(0-(temp2>>11), r))*2048+
```

```
(temp>>11);
                        else *pRes=(temp>>11);
                }
            }
        }
        //四边不处理
        for(i=0， pRes=ResData， pCur=OrgImg;i<width*(Tsize-1)/2;i++，
pCur++，pRes++)
        {
            *pRes=*pCur;
        }
        for(i=(Tsize-1)/2;i<height-(Tsize-1)/2;i++)
        {
            for(j=0;j<(Tsize-1)/2;j++)
            {
                *pRes++=*pCur++;
            }
            pRes+=width-(Tsize-1);
            pCur+=width-(Tsize-1);
            for(j=0;j<(Tsize-1)/2;j++)
            {
                *pRes++=*pCur++;
            }
        }
        for(i=0;i<width*(Tsize-1)/2;i++)
        {
            *pRes++=*pCur++;
        }
        return;
    }
    /
    //  Get Mean And Deviance
    /
```

```
    void GetMeanAndDeviance(int *Temp, int width, int height, int Tsize,
int *mean, int *dev)
    {
        int i, j, size;
        size=(width-(Tsize-1))*(height-(Tsize-1));
        int *t;
        long double sum;
        for(t=Temp+(Tsize-1)/2*width+(Tsize-1)/2, sum=0, i=(Tsize-1)/2;
i<(height-(Tsize-1)/2);i++, t+=Tsize-1)
        {
            for(j=(Tsize-1)/2;j<width-(Tsize-1)/2;j++)
            {
                sum+=*t++;
            }
        }
        *mean=sum/size;
        for(t=Temp+(Tsize-1)/2*width+(Tsize-1)/2, sum=0, i=(Tsize-1)/2;
i<height-(Tsize-1)/2;i++, t+=Tsize-1)
        {
            for(j=(Tsize-1)/2;j<width-(Tsize-1)/2;j++)
            {
                sum+=pow(float(*t-*mean), 2);
            }
        }
        *dev=sqrt(sum/size);
        return;
    }


    /
    //  Linear Stretch
    // Temp:  point to the image before stratching
    // widht:  the width of the image
    // height:  the height of the image
```

```
    // ResImg:  point to the resultant image
    /
    void LinearStretch(int *Temp, int width, int height, int *mean, int
*dev, BYTE *ResImg)
    {
        BYTE *pRes;
        int *t, min, max, temp, c;
        int i, size=width*height;
        min=*mean-3*(*dev);
        max=*mean+3*(*dev);
        c=255.0/(max-min)*2048;
        for(pRes=ResImg, t=Temp, i=0;i<size;i++, t++, pRes++)
        {
            temp=((*t-min)*c)>>11;
            if(temp>255) *pRes=255;
            else if(temp<0) *pRes=0;
            else *pRes=temp;
        }

        return;
    }

    /*
    //
    // GAMMA Correction
    //
    void GammaCorrection(double *OrgData, int width, int heihgt, double
*ResData)
    {
    int i, size;
    double *pOrg, *pRes;
    for(i=0, pOrg=OrgDat, pRes=ResData;i<size;i++)
    {
```

```
        *pRes++=pow(*pOrg++, 1.0/GAMMA);
    }}
    */
    //
    // Contrast
    //
    void Contrast(BYTE *OrgImg, int x, int y, int width, int height, int
blockw, int blockh, double &wcontrast, double &mcontrast)
    {
        BYTE *pCur=OrgImg+x*blockw+y*width*blockh;
        double min=10000, max=-1;
        int i, j;

        for(i=0;i<blockh;i++, pCur=pCur+width-blockw)
        {
            for(j=0;j<blockw;j++, pCur++)
            {
                if(*pCur<min) min=*pCur;
                if(*pCur>max) max=*pCur;
            }
        }
        mcontrast=(max-min+1)/(max+min+1);
        if(min==0) wcontrast=(max+5)/(min+5);
        else wcontrast=max/min;

        return;
    }


    //
    //  Measure of Performance
    //
    void Measure(BYTE *ResImg,int width,int height,double &emee,double
&ame)
```

```
    {
        int k1=8, k2=8, i, j, blockw, blockh;
        double wcontrast, mcontrast;
        blockw=width/k2;
        blockh=height/k1;
        emee=0;
        ame=0;
        for(i=0;i<k1;i++)
        {
            for(j=0;j<k2;j++)
            {
                Contrast(ResImg, i, j, width, height, blockw, blockh,
wcontrast, mcontrast);
                emee+=pow(wcontrast, ALPHA_c)*log(wcontrast);
                ame+=pow(mcontrast, ALPHA_c)*log(mcontrast);
            }
        }
        emee=ALPHA_c*emee/(k1*k2);
        ame=ALPHA_c*ame/(k1*k2);
        return ;
    }

    /
    // Gray Image Process
    /
    void GrayImageProcess(BYTE *OrgImg, int width, int height, BYTE
*ResImg)
    {
        int *Data, *LogImg, *Template, mean, dev;
        int Tsize;
        double c;
        Tsize=5;
        c=20;
```

```
        Template=new int[Tsize*Tsize];
        Data=new int[width*height];
        LogImg=new int[width*height];
        LocalNonlinearStretch(OrgImg, width, height, Data);
        LogarithmTransform(Data, width, height, LogImg);
        //GaussianTemplate(Template, Tsize, c);
        GaussianTemplate2(Template, 0.5);Tsize=3;
        SSR(LogImg, OrgImg, width, height, Data, Template, Tsize);
        GetMeanAndDeviance(Data, width, height, Tsize, &mean, &dev);
        LinearStretch(Data, width, height, &mean, &dev, ResImg);
        delete Template;
        delete Data;
        delete LogImg;
        return;
    }


    /
    // Color Image Process
    /
    void ColorImageProcess(BYTE *OrgImg, int width, int height, BYTE
*ResImg)
    {
        BYTE *Value;
        int i, j, Tsize, temp;
        int *Data, *LogImg, *Template, *Percent, mean, dev;
        double c, emee, ame;
        Tsize=5;
        c=0.75;
        Template=new int[Tsize*Tsize];
        Data=new int[width*height];
        LogImg=new int[width*height];
        Percent=new int[width*height*3];
        Value=new BYTE[width*height];
```

```
    memset(Value, 0, sizeof(BYTE)*width*height);
    for(j=0;j<width*height;j++)
    {       temp=0;
        for(i=0;i<3;i++)
        {               temp+=*(OrgImg+j*3+i);
        }
        for(i=0;i<3;i++)
        {
*(Percent+j*3+i)=*(OrgImg+j*3+i)/double(temp)*2048;
            *(Value+j)+=(*(OrgImg+j*3+i)*(*(Percent+j*3+i)))>>11;
        }
    }
    LocalNonlinearStretch(Value, width, height, Data);
    LogarithmTransform(Data, width, height, LogImg);
    //  GaussianTemplate(Template, Tsize, c);
    GaussianTemplate2(Template, 0.5);Tsize=3;
    SSR(LogImg, Value, width, height, Data, Template, Tsize);
    GetMeanAndDeviance(Data, width, height, Tsize, &mean, &dev);
    LinearStretch(Data, width, height, &mean, &dev, Value);
    for(j=0;j<width*height;j++)
    {
        for(i=0;i<3;i++)
        {               temp=(*(Percent+j*3+i)*(*(Value+j))*3)>>11;
            if(temp>255)  *(ResImg+j*3+i)=255;
            else *(ResImg+j*3+i)=temp;
        }
    }
printf("*****彩色图像三通道联合处理结果***************\n");
    Measure(Value, width, height, emee, ame);
    cout<<"EMEE: "<<emee<<endl;
    delete Template;
    delete Data;
    delete LogImg;
```

```
        delete Value;
        delete Percent;
        return;


//
//  Color Image process 2
//  三通道分别处理
//
    void ColorImageProcess2(BYTE *OrgImg, int width, int height, BYTE
*ResImg)
    {
        BYTE *Value;
        int i, j, Tsize;
        int *Data, *LogImg, *Template, mean, dev;
        double c, emee=0, ame=0, x1, x2;
        Tsize=5;
        c=0.5;
        Template=new int[Tsize*Tsize];
        Value=new BYTE[width*height];
        Data=new int[width*height];
        LogImg=new int[width*height];
        GaussianTemplate(Template, Tsize, c);
//      GaussianTemplate2(Template, 0.5);Tsize=3;
        for(i=0;i<3;i++)
        {
            for(j=0;j<width*height;j++)
            {
                *(Value+j)=*(OrgImg+j*3+i);
            }
            LocalNonlinearStretch(Value, width, height, Data);
            LogarithmTransform(Data, width, height, LogImg);
            SSR(LogImg, Value, width, height, Data, Template, Tsize);
```

```
        GetMeanAndDeviance(Data, width, height, Tsize, &mean, &dev);
        LinearStretch(Data, width, height, &mean, &dev, Value);
        Measure(Value, width, height, x1, x2);
        emee+=x1;
        ame+=x2;
        for(j=0;j<width*height;j++)
        {
            *(ResImg+j*3+i)=*(Value+j);
        }
    }
printf("*****彩色图像三通道分别处理结果*****************\n");
    cout<<"EMEE: "<<emee/3.0<<endl;
    delete Template;
    delete Value;
    delete Data;
    delete LogImg;
    return;
}
//
//  main
//
int main()
{   BYTE *OrgImg, *ResImg, *p1, *p2;
    int width, height, i, j, suc, area1, area2, Tsize;
    bool isRGB, ret;
    clock_t t1, t2;
    double emee, ame;
    char ch;
    int *offsetdata=new int[2];
    for(i=0;i<2;i++)
    {
        *(offsetdata+i)=0X80808080;
    }        system( "cls" );
```

```cpp
printf("******中心/环绕 Retienx 算法*****************\n");
printf("        1.处理灰度图像\n");
printf("        2.处理彩色图像\n");
printf("*****************************************\n");
printf("请选择(1 或 2)：  ");
do
{
    cin>>ch;    }while( ch != '1' && ch != '2');
//system ( "cls" );


if ( ch == '1')
    isRGB=false;
else if ( ch == '2')
    isRGB=true;
// open file
string image_name;
cout<<endl<<"输入图像名："; 
cin>>image_name;
//Mat image_dst;

//if (!isRGB)
//{
//  image_dst = imread(image_name，0);
//}
//else
//{
//  image_dst = imread(image_name，1);
//}
//
//
//if(image_dst.empty())
//{
```

```cpp
//  return -1;
//} //是否加载成功

//imshow(image_name, image_dst);
//

// width = image_dst.cols; // height = image_dst.rows;    //int
channel = image_dst.channels();  // int step = width * channel* 1;
//uchar* ps = NULL;
//
//p1 = new BYTE[width*height*channel+8];

//for (int i = 0; i < height; i++)   //{      // ps = image_dst.
ptr<uchar>(i); //for (int j = 0; j < width; j++)    // {   //        if
(1 == channel) //     {   //*(p1 + i*step + j) = ps[j];    //

//      }   //        else if (3 == channel)//     {   //*(p1 +
i*step + j*3) = ps[j*3 + 2];     //            *(p1 + i*step + j*3 + 1) = ps[j*3
+ 1];   //           *(p1 + i*step + j*3 + 2) = ps[j*3]; //        }   //  }
//} if(!isRGB)
    p1=Read8BitBmpFile2Img(image_name.c_str(), &width, &height);
    else
    p1=Read24BitBmpFile2Img(image_name.c_str(), &width, &height);
    if (p1==NULL)
    {       printf("*fopen err!\n");
        delete p1;
        return 0;
    }
    if(width%64!=0||height%64!=0)
    {
        cout<<"图像大小须是 64 的倍数"<<endl;
        delete p1;
        return 0;
```

```
        }

        area1=width*height;

        if(!isRGB)
        {
            OrgImg=p1+8-int(p1)%8;
            p2=new BYTE[width*height+8];
            ResImg=p2+8-int(p2)%8;
            t2=clock();
            GrayImageProcess(OrgImg, width, height, ResImg);
            t1=clock();
            printf("*****灰度图像处理结果*****************\n");
    cout<<"运行时间: "<<t1-t2<<"ms"<<endl;
            Measure(ResImg, width, height, emee, ame);
            cout<<"EMEE: "<<emee<<endl;
            suc=Write8BitImg2BmpFile(ResImg, width, height, "result_1.
bmp");
        }
        else
        {
            OrgImg=p1+8-int(p1)%8;
            p2=new BYTE[width*height*3+8];
            ResImg=p2+8-int(p2)%8;
            t2=clock();
            ColorImageProcess(OrgImg, width, height, ResImg);
            t1=clock();
    cout<<"运行时间: "<<t1-t2<<"ms"<<endl;
            t2=clock();
            suc=Write24BitImg2BmpFile(ResImg, width, height, "result_1.
bmp");
            ColorImageProcess2(OrgImg, width, height, ResImg);
            t1=clock();
```

```
cout<<"运行时间: "<<t1-t2<<"ms"<<endl;

    suc=Write24BitImg2BmpFile(ResImg, width, height, "result_2.bmp");
    }
    if(suc==-1)
    {
        printf("*fwrite err!\n"); }

    Mat result1 = imread("result_1.bmp", 1);
    Mat result2 = imread("result_2.bmp", 1);

    imshow("result1", result1);
    imshow("result2", result2);
    //release mem
    delete p1;
    delete p2;
    waitKey(0);
    return 0;
}
```

# 第 10 章

# 红外-可见光图像融合的异常行为识别方法研究

## 10.1 基于红外-可见光图像融合的行为识别算法概述

结合改进的 YOLO v5 模型，用于红外-可见光图像融合的异常行为检测。该方法主要通过合并 SE 注意力机制模块和 GSconv 来实现。SE 模块更加专注于目标的特征信息，这对于复杂环境来说是必要的，因为它可以强化对目标特征的提取。同时，GSconv 用于替换原始的卷积，这有助于加快目标检测的速度，降低计算量，并减少对计算资源的消耗，使其适用于边缘计算设备，并能够在国产芯片上实现高效检测。

度量一个模型的好坏需要良好的评价标准。在分类任务中常用的度量标准主要有：准确率（Precision， P）、召回率（Recall， R）、F1 分数（F1-score）、平均精度 mAP（mean average precision）。本研究主要是对破损绝缘子、防震锤、异物等识别进行研究，即上述与前景图的多分类问题。因此，根据自己标定的类别和通过算法检测出的类别进行计算，其分为以下 4 类：真正例（True Positive，TP）、假正例（False Positive，FP）、真反例（True Negative，TN）、假反例（False Negative，FN）。则准确率、召回率和 F1-score 定义如下：

$$P = \frac{TP}{TP + FP} \tag{10.1}$$

$$R = \frac{TP}{TP + FN} \tag{10.2}$$

$$\text{F1-score} = \frac{2PR}{P + R} \tag{10.3}$$

根据上述得到多个 recall 和 precision 点，求出 PR 曲线，PR 曲线下的面积就是 AP 的值。而 mAP 就是对所有的 AP 值进行求平均。mAP 值能够全面评价模型在所有类别上的表现，对于多分类任务极其有效，并且被广泛应用于图像分类、物体检测的评价中。

## 10.2　使用框架

PyTorch 是一个 Python 优先、开源的深度学习框架，由于提供了支持 GPU 和 CPU 的 Tensor 库，提升了计算速度，在强大的 GPU 加速基础上实现了张量，此外，还可以实现动态神经网络，这是因为构建了基于 tape 的 autograd 系统的深度神经网络。

PyTorch 适合进行研究、实验和尝试不同的神经网络。其在操作的过程中充分展示了灵活性、易用性和速度的完美结合，具体表现在追求最少的封装设计，遵循 tensor-variable(autograd)-nn.Module[高维数组（张量）—自动求导（变量）—神经网络（层/模块）]三个由低到高的抽象层次，三个抽象间有紧密的关联关系，能够同时进行操作和修改；Torch 灵活易用的接口设计启发了面向对象的接口设计，故 API 在设计和模块接口上，与 Torch 的高度相似。

根据深度学习的一般原理，深度学习网络层数愈深愈体现更强的表达能力。从 VGGNet 到 Googlenet，研究者们不断在挖掘深度学习的网络层深度问题，以促使分类准确性的提高。但随着研究的深入，发现增加网络深度会产生梯度消失、爆炸和正确率下降问题。针对梯度消失问题，Szegedy 曾提出了 BN（Batch Normalization）结构；该结构对各个网络层的输出进行归一化处理，能够稳定传递过程中梯度大小。正确率下降问题主要是由于网络过于复杂，以至于光靠不加约束的放养式的训练很难达到理想的错误率。于是针对这两个问题，何凯明等人提出了残差网络（Resnet），通过在该网络结构上实现带有 BN 结构的恒等映射，解决了深层深度学习网络学习退化现象，提高了分类准确率。残差网络有不同网络深度（见表 10.1），包含了 Resnet18、Resnet34、Resnet50、Resnet101 和 Resnet153 五种不同深度的经典网络结构。

表 10.1　不同深度残差网络

| Layer name | output size | 18-layer | 34-layer | 50-layer | 101-layer | 153-layer |
|---|---|---|---|---|---|---|
| conv1 | 112×112 | 7×7，64，stride2 | | | | |
| conv2_x | 56×56 | 3×3max pool，stride2 | | | | |
| conv2_x | 56×56 | $\begin{bmatrix}3\times3,64\\3\times3,64\end{bmatrix}\times2$ | $\begin{bmatrix}3\times3,64\\3\times3,64\end{bmatrix}\times3$ | $\begin{bmatrix}1\times1,64\\3\times3,64\\1\times1,256\end{bmatrix}\times3$ | $\begin{bmatrix}1\times1,64\\3\times3,64\\1\times1,256\end{bmatrix}\times3$ | $\begin{bmatrix}1\times1,64\\3\times3,64\\1\times1,256\end{bmatrix}\times3$ |
| conv3_x | 28×28 | $\begin{bmatrix}3\times3,128\\3\times3,128\end{bmatrix}\times2$ | $\begin{bmatrix}3\times3,128\\3\times3,128\end{bmatrix}\times4$ | $\begin{bmatrix}1\times1,128\\3\times3,128\\1\times1,512\end{bmatrix}\times4$ | $\begin{bmatrix}1\times1,128\\3\times3,128\\1\times1,512\end{bmatrix}\times4$ | $\begin{bmatrix}1\times1,128\\3\times3,128\\1\times1,512\end{bmatrix}\times8$ |

| Layer name | output size | 18-layer | 34-layer | 50-layer | 101-layer | 153-layer |
|---|---|---|---|---|---|---|
| conv4_x | $14\times14$ | $\begin{bmatrix}3\times3,256\\3\times3,256\end{bmatrix}\times2$ | $\begin{bmatrix}3\times3,256\\3\times3,256\end{bmatrix}\times6$ | $\begin{bmatrix}1\times1,256\\3\times3,256\\1\times1,1024\end{bmatrix}\times6$ | $\begin{bmatrix}1\times1,256\\3\times3,256\\1\times1,1024\end{bmatrix}\times23$ | $\begin{bmatrix}1\times1,256\\3\times3,256\\1\times1,1024\end{bmatrix}\times36$ |
| conv5_x | $7\times7$ | $\begin{bmatrix}3\times3,512\\3\times3,512\end{bmatrix}\times2$ | $\begin{bmatrix}3\times3,512\\3\times3,512\end{bmatrix}\times3$ | $\begin{bmatrix}1\times1,512\\3\times3,512\\1\times1,2048\end{bmatrix}\times3$ | $\begin{bmatrix}1\times1,512\\3\times3,512\\1\times1,2048\end{bmatrix}\times3$ | $\begin{bmatrix}1\times1,512\\3\times3,512\\1\times1,2048\end{bmatrix}\times3$ |
| | $1\times1$ | Average pool，1000-d fc，softmax | | | | |
| FLOPs | | $1.8\times10^9$ | $3.6\times10^9$ | $3.8\times10^9$ | $7.6\times10^9$ | $11.3\times10^9$ |

不同深度的残差网络都是由一系列残差模块组成的，如图 10.1 所示。其中一个残差模块如公式（10.4）所示：

$$x_{l+1} = x_l + F(x_l, W_l)\qquad(10.4)$$

式中　　$F(x_l, W_l)$——卷积分支的输出；

　　　　$x_l$——输入；

　　　　$x_{l+1}$——整个结构的输出；

　　　　$W_1$——卷积操作，如果 $F(x_l, W_l)$ 分支中所有参数都是 0，$x_{l+1}$ 就是恒等映射。

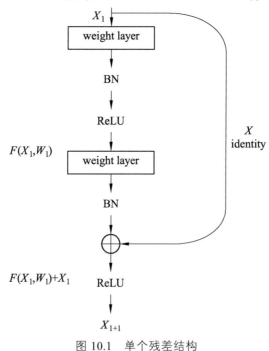

图 10.1　单个残差结构

由图 10.1 可知残差模块可以分为恒等映射和残差两个部分。残差网络把引入的恒等映射作为输入、输出间的一条直接联通通道，从而加强有参层的输入、输出间残差的集中精力学习。在每次卷积之后都使用 BN 做归一化，在运用线性整流函数（Rectified Linear Unit，ReLU）作为激活函数之前，要与恒等映射单位进行加运算。ReLU 激活函数是目前进行模型的加速训练的一种常用函数，承担了从神经元输入到输出的任务，其数学公式如（10.5）所示：

$$f_{\text{ReLU}}(x) = \max(0, x) \tag{10.5}$$

ReLU 函数图像如图 10.2 所示。

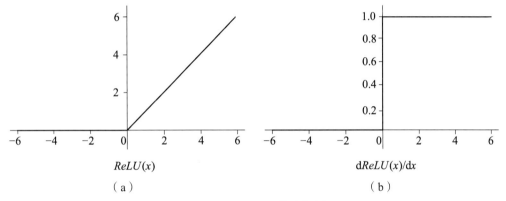

ReLU(x)
（a）

dReLU(x)/dx
（b）

图 10.2　ReLU 函数坐标图

从公式和函数图像可以明显地看出：ReLU 是分段线性函数，所有的负值都变为 0，正值不变，即在输入是负值的情况下，输出结果为 0，则神经元不会被激活。也就是说同一时间只有部分神经元会被激活，使得神经网络中的神经元拥有了稀疏激活性，进而在提高计算效率的同时又能对相关特征进行深度挖掘，拟合模型训练的数据。如果模型扩增 $N$ 层后，理论上 ReLU 神经元将激活率降为 $2^n$ 倍。在残差部分，利用 BN 进行归一化操作，其目的是将数据规整到统一区间，减少数据的发散程度，降低网络的学习难度。BN 类似于 Dropout 的一种防止过拟合的正则化表达方式，往往用在网络的激活层之前，其作用可以加快模型训练时的收敛速度，使得模型训练过程更加稳定，避免梯度爆炸或消失。BN 进行归一化的具体操如下：

（1）先计算 $B$ 的均值和方差，公式如（10.6）~（10.8）所示。

$$B = \left\{ x_{1\cdots m} \right\} \tag{10.6}$$

$$\mu_B \leftarrow \frac{1}{m} \sum_{i=1}^{m} x_i \tag{10.7}$$

$$\sigma_B^2 \leftarrow \frac{1}{m} \sum_{i=1}^{m} \left( x_i - \mu_B \right)^2 \qquad (10.8)$$

式中　$B$——输入的数据集合；

　　　$m$——输入数据的个数；

　　　$x_i$——$x$ 在第 $i$ 个位置的向量值；

　　　$u_B, \sigma_B^2$——$B$ 的均值和方差。

然后将 $B$ 集合的均值、方差变换为 0、1，进行归一化处理，公式如（10.9）所示。

$$\tilde{x}_i \leftarrow \frac{x_i - \mu_B}{\sqrt{\sigma_B^2 + \varepsilon}} \qquad (10.9)$$

式中　$\varepsilon$——归一化处理的偏差。

最后为了解决 sigmoid 激活函数输入的归一化操作会将其限制在 sigmoid 函数的线性区域，需要对归一化操作加上一个线性变换，使 BN 具有表达恒等变换的能力。则将归一化后的每个元素乘以 $\gamma$ 再加 $\beta$ 后输出，公式如（10.10）所示。

$$\tilde{y}_i \leftarrow \gamma \tilde{x}_i + \beta \equiv BN_{\gamma,\beta}(x_i) \qquad (10.10)$$

式中　$\gamma, \beta$——$x_{1\cdots m} \to y_{1\cdots m}$ 的训练学习参数。

## 10.3　数据扩增

特征提取时需要更关注目标的特征信息。为了能够获取更多的目标信息，首先对数据集进行扩增处理，假设图像的大小为 $m \times n$，并且数据集中图像的大小都一样，即数据集 $A$ 和 $B$ 中所有图像的大小都是 $m \times n$。翻转变换的过程就是图像做关于直线 $y=x$ 的中心反射变换，数据集 $A$ 和 $B$ 经过翻转变换之后得到初步增广数据集 $A_1$ 和 $B_1$，即

$$A_1 = A * \begin{bmatrix} 0 & 0 & 0 & 1 \\ 0 & 0 & 1 & 0 \\ 0 & & 0 & 0 \\ 1 & 0 & 0 & 0 \end{bmatrix}_{n \times n}$$

$$B_1 = B * \begin{bmatrix} 0 & 0 & 0 & 1 \\ 0 & 0 & 1 & 0 \\ 0 & \square & 0 & 0 \\ 1 & 0 & 0 & 0 \end{bmatrix}_{n \times n} \qquad (10.11)$$

旋转变换就是将图像按照固定的角度进行旋转，使用以下公式对增广数据集 $A_1$ 和 $B_1$ 进行旋转操作。

$$\begin{bmatrix} x \\ y \\ 1 \end{bmatrix} = \begin{bmatrix} \cos\theta & \sin\theta & 0 \\ -\sin\theta & \cos\theta & 0 \\ 0 & 0 & 1 \end{bmatrix} \begin{bmatrix} x_0 \\ y_0 \\ 1 \end{bmatrix} \tag{10.12}$$

式中，$(x_0, y_0)$ 表示图像的每一个像素点。$\theta$ 的取值分别为 45°、90°、135°、180°、225°、275°、315°。分别按不同的旋转角度对数据集 $A_1$ 和 $B_1$ 进行旋转，得到最终的增广数据集 $C$ 和 $D$，即数据集 $C$ 和 $D$ 包含着不同角度的旋转图像。

## 10.4 数据增强

图像拉伸又称对比度增强或反差增强，是通过改变图像像元的亮度值来提高图像全部或局部的对比度，是改善图像质量的一种方法。但是这种方式并不能增加图像中蕴含的特征，仅仅为了突出图像中某些特定信息，使其更易于可视化和被机器理解分析。图像像素值拉伸常用的方法为灰度拉伸。灰度拉伸包括线性拉伸、非线性拉伸和多波段拉伸；线性拉伸包括直接线性拉伸、裁剪线性拉伸和分段式线性拉伸，该拉伸是通过对像素值进行比例变化来实现，是最常用的方法；非线性拉伸是指拉伸函数（指数函数、对数函数、平方根、高斯函数等）是非线性的拉伸；多波段拉伸是图像通过彩色合成展示后，对图像中的每个波段分布采用线性或非线性的拉伸处理，来整体加强图像像素中的地物信息。

本书使用的是线性拉伸中的裁剪线性拉伸（即去掉 2%百分位以下的数，去掉 98%百分位以上的数，上下百分位数一般相同，并设置输出上下限），假设某点在图像坐标系中的横坐标为 $x$，纵坐标为 $y$，$I_{max}$ 为图像中最大像素值，$I_{min}$ 为最小像素值，MAX 为拉伸上线，一般为 255，MIN 为拉伸下线，一般为 0。则裁剪线性拉伸如公式（10.13）所示：

$$I(x,y) = \frac{I(x,y) - I_{min}}{I_{max} - I_{min}}(\text{MAX-MIN}) + \text{MIN} \tag{10.13}$$

小影像块进行拉伸之后，各波段数值仍然在[0，255]之间，该波段数值分布范围较广，则会造成一些问题：深度学习模型训练时，难以寻找到最优解，进一步导致训练集和验证集上损失值、准确值不收敛；较大数量级特征会削弱较小数量级特征，在模型训练过程中其学习能力降低，导致影像特征信息提取困难，最终难以保证实验结果的可靠性。因此，为了解决上述问题，在模型训练之前需要对影像数据进行归一化处理，使其像元值局限于在一定范围内。

本书采用了 min-max 标准化方法来对遥感数据集进行归一化操作，使数值映射到[0，1]之间，转换公式如下所示：

$$x' = \frac{x - x_{\min}}{x_{\max} - x_{\min}}$$ （10.14）

式中，$x_{\max}$ 为样本数据的最大值，$x_{\min}$ 为样本数据的最小值。最大与最小值之差为 255，所以每个通道数值除以 255 的结果即为归一化转换后的数值。

## 10.5 数据训练及测试

将扩增后的数据集输入 YOLO v5s-GSconv-SE 进行训练，训练的过程中使用的环境配置的参数见表 10.2。

表 10.2 环境配置相关参数

| | 硬件环境 | | 软件环境 |
| --- | --- | --- | --- |
| CPU | Intel(R)Core(TM)i7-6700CPU@3.40 GHz | 操作系统 | Ubuntu 18.04 |
| GPU | NVIDIA GeForce RTX3090 | 运算平台 | CUDA11.2＋cuDNN8 |
| 内存 | 16 GB | 开发语言 | Python 3.7 |
| 显存 | 24 GB | 深度学习框架 | Pytorch |
| 硬盘 | 1 T | 开发工具 | Pycharm |

将 12 000 张图像输入进网络进行训练，设置训练集与测试集比为 8∶2。设置初始学习率为 0.001，设置每隔 50 轮次，学习率降为原来的 1/10，训练的动量选择 0.9，训练批 batch_size 设置为 16，共训练 300 个轮次，采用迁移学习的方法采用在 COCO 数据集上训练过的 yolov5s.pt 网络模型，这能加速训练的进程，收敛性能更好。其中，图 10.3 所示为网络的训练检测误差，图 10.4 所示为目标训练分类误差，图 10.5 所示为目标测试检测误差，图 10.6 所示为测试分类误差。

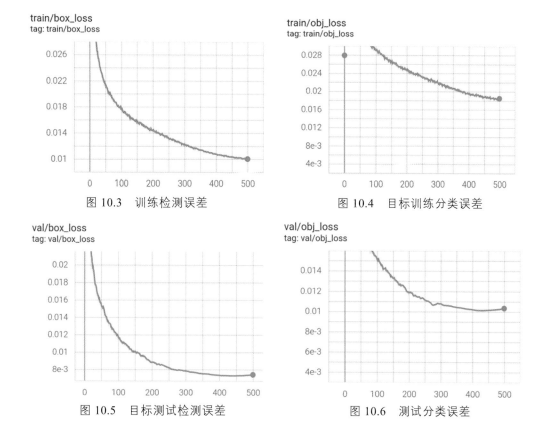

图 10.3　训练检测误差　　　　　　　图 10.4　目标训练分类误差

图 10.5　目标测试检测误差　　　　　图 10.6　测试分类误差

由图 10.5 和 10.6 中可知，测试集 loss 不再下降，可以认为此时模型收敛。由表 10.3 可知，YOLO v5s 的 mAP 值为 91.6%，在 GPU 上的帧率为 126.7 fps，但在灵汐边端上其帧率为 124.4 fps，对于 YOLO v4-tiny，YOLO v5s 的 mAP 提升 17.3%，但在服务端上的帧率较 YOLO v4-tiny 低接近 40 帧。本研究提出的 YOLO v5s-GSconv-SE，对比原始的 YOLO v5s 的 mAP 提升 3.2%，帧率每秒提高 6 帧。对比单一添加的 SE 与 GSconv 的 YOLO v5s 模块：在国产边端设备上，YOLO v5s-GSconv-SE 对比添加 SE 模块 YOLO v5s 网络 mAP 提高 1.4%，速度快 15 fps；对比添加 GSconv 模块的 YOLO v5s，其 mAP 提高 2.6%，速度方面由于添加了 SE 模块，减少了 11 fps。

表 10.3　各个模型的 map 值和 fps 值

| 检测器 | mAP（平均准确率） | P（准确率） | R（召回率） | 服务端/fps | 边端设备帧率/fps |
|---|---|---|---|---|---|
| YOLO v4-tiny | 82.3% | 0.818 | 0.56 | 168.6 | 167.4 |
| YOLO v5s | 91.6% | 0.912 | 0.68 | 126.7 | 124.4 |

| 检测器 | mAP（平均准确率） | P（准确率） | R（召回率） | 服务端/fps | 边端设备帧率/fps |
|---|---|---|---|---|---|
| YOLO v5s-SE | 95.4% | 0.952 | 0.72 | 118.4 | 115.4 |
| YOLO v5s-GSconv | 94.2% | 0.938 | 0.75 | 137.8 | 141.8 |
| YOLO v5s-GSconv-SE | 96.8% | 0.966 | 0.77 | 128.5 | 130.6 |

本研究针对电网场景中的目标检测与分割任务，对比分析了 YOLO v5s、YOLO v5s-SE 和 YOLO v5s-SE-GSconv 三个网络架构的性能。从计算效率和检测精度两个角度出发，试图找到一种在保证高效性能的同时，具备较高检测精度的模型。

其中，YOLO v5s 作为一种轻量级的深度学习模型，由于其计算结构简单，所以在模型收敛速度和预测时间上具有优秀的表现。但是，由于其结构的简单化，可能会在目标的分割效果上略显不足，存在一些待改进和提升的空间。

为了改进 YOLO v5s 在分割效果上的不足，提出了 YOLO v5s-SE 和 YOLO v5s-SE-GSconv 两种改进模型。YOLO v5s-SE 模型在 YOLO v5s 的基础上融合了 SE 注意力机制，增强了模型对于目标重要特征的关注度，进而提高了模型的分割效果。而 YOLO v5s-SE-GSconv 模型则进一步引入了 GSconv 结构，通过优化网络的卷积结构，有效降低了模型的计算复杂度，提高了目标检测速度。

通过对比测试三种模型在诸如 OA、F1-Score 和 MIoU 等评价指标下的表现，可以全面评估它们在电网场景下的性能表现。这将为实际应用中选择适合的模型和进行模型优化提供参考依据。同时，本研究的成果也将对电网场景下的目标检测与分割任务的最佳模型选择提供实用的参考，对提升电网场景中的目标检测与分割效果具有重要的借鉴价值。

改进的 YOLO v5 模型源代码：

```
# 导入必要的库
import torch
from models.yolo import Model
from utils.dataloaders import LoadImages
from utils.general import check_img_size
from utils.plots import save_one_box
from utils.torch_utils import select_device
# 设置设备（CPU 或 GPU）
device = select_device('0')
# 加载模型和配置
```

```python
model = Model(cfg='yolov5s.yaml').to(device)
# 加载权重
model.load_weights('yolov5s.pt')
# 加载数据集
img_size = check_img_size(640, s=model.stride)
data = LoadImages('data/images', img_size)
# 进行目标检测
for path, img, im0s in data:
    img = torch.from_numpy(img).to(device)
    img = img.half() if model.half() else img.float()  # uint8 to
fp16/32
    img /= 255.0  # 0 - 255 to 0.0 - 1.0
    if img.ndimension() == 3:
        img = img.unsqueeze(0)
      # 模型推理
    pred = model(img)[0]
    # 保存图像
    save_one_box(pred, path, im0s, data.names, img_size)
```

# 第11章

# 轻量化的智能边缘管理平台和移动应用程序的研究

## 11.1 概　述

电网企业电力终端产生了海量的边缘数据，然而，对于这些海量的边缘数据无法做到快速响应、实时发现与定位风险隐患等功能。为了进一步解决边缘数据的传输和计算、提高边缘数据感知与风险识别，同时做到实时发现与响应，选取了无人机巡检、变电站固定场所视频监控、作业现场视频监控三大场景为切入点，以智能边缘设备为载体，借此提高边缘终端数据的感知力，做到风险提前识别与发现。为更好地满足三大场景智能边缘设备应用需求，尤其是无人机巡检场景，亟须研究更加轻量化的边缘智能终端设备。

因此，从软硬件角度出发：一方面，在硬件方面研究更加轻量化的边缘计算智能终端设备满足无人机巡检、变电站固定场所视频监控、作业现场视频监控三大应用场景；另一方面，在软件方面研究利用通过轻量化 AI 算法减少算力限制，从而减轻边缘计算智能终端设备。其次，研究结合边缘设备管理平台管理边缘计算智能终端设备和 AI 算法。最后，通过边缘应用程序串联边缘计算智能终端设备和边缘设备管理平台、AI 算法，将边缘计算智能终端设备通过 AI 算法识别的作业风险展示到边缘应用程序上，通过边缘应用程序以更好的用户体验方式展示给边端作业人员。

智能边缘管理平台用于管理轻量化智能终端硬件和轻量化 AI 算法，实现云边协同体系架构，使得电力业务既可以在云-边、边-边之间动态切换，又能通过云端有效管控边缘应用，满足多样化电力业务需求。边缘智能终端设备，基本上是散落部署在不同的地理位置，这样就造成了运维成本的增大，因此需要在云端将散落在各个位置的边缘节点进行统一管理。

智能边缘管理平台通过纳管用户的边缘节点，提供将云上应用延伸到边缘的能力，联动边缘和云端的数据，所有边缘节点可以在云端统一管理、监控和运维，包括边缘节点，边缘应用的生命周期管理。

## 11.2  设计原则

应用程序能够满足系统健壮性要求，确保系统无单点故障和数据完整性，发生故障时能够及时预警并进行自动恢复或将故障进行隔离；能够保证系统对海量请求的处理要求，包括无单点故障、事务一致性、故障预警、自动恢复、故障隔离、抗浪涌；能够提供有效的故障诊断及维护工具，具备数据错误记录和错误预警能力；具备较高的容错能力，在出错时具备自动恢复功能；能够连续 $7 \times 24$ h 不间断工作，平均无故障时间大于 8 760 h，出现故障能及时告警，软件系统具备自动或手动恢复措施，自动恢复时间小于 15 min，手工恢复时间小于 4 h，以便在发生错误时能够快速地恢复正常运行。软件系统可以防止消耗过多的系统资源而使系统崩溃。

### 11.2.1  可伸缩性原则

可伸缩性是通过增加资源使服务容量产生线性（理想情况下）增长的能力。可伸缩系统的主要特点是：增加负载只需要增加资源，而不需要对应用程序本身进行大量修改。

系统支持多种硬件平台，采用通用软件开发平台开发，具备良好的可移植性。系统实现完全模块化设计，支持参数化配置，支持组件及组件的动态加载。

### 11.2.2  可扩展性原则

可扩展性是为适应新需求或需求变化为软件增加功能的能力。可扩展性越好，增加新需求或需求变化所做的处理越容易，响应越迅速。

满足向下兼容的要求，软件版本易于升级，任何一个模块的维护和更新以及新模块的追加都不会影响其他模块，且在升级的过程中不影响系统的性能与运行。

### 11.2.3  可维护性原则

可维护性是指维护人员为纠正系统出现的错误或缺陷，以及为满足新的要求而理解、修改和完善软件系统的难易程度。系统具有容易部署、升级和维护的能力，并支持对系统运行监控，提供日志。

系统具有良好的简体中文操作界面、详细的帮助信息，系统参数的维护与管理通过操作界面完成。

## 11.3　系统架构总览

"软硬件轻量化的边缘计算智能终端设备研发项目"中智能边缘管理平台软件和边缘应用程序软件的建设按照南方电网《中国南方电网有限责任公司发展战略纲要》《中国南方电网公司信息化领域一体化管理工作方案》以及对客户服务信息的精益化管理需求，进行开发实施工作，构建基于 SOA 的智能、柔性的企业级项目。在研发、建设和运维上，坚持"以我为主，持续优化"的信息化建设方针，建立以企业为主体、以市场为导向、产学研相结合的技术创新体系和系统运维体系。

在总体架构设计过程中，规划设计遵循"业务驱动"的原则，采用由业务架构到应用架构和数据架构再到技术架构逐层驱动的方法，如图 11.1 所示。

业务架构是从服务角度对业务覆盖范围内的过程、环节、规则的细化、抽象和建模；应用架构是基于业务架构，从系统功能需求的角度去清晰准确定义应用范围、功能及模块等；数据架构是基于业务架构，从系统数据需求的角度去准确定义数据分类、数据来源及数据部署等；技术架构是基于应用架构和数据架构，根据信息技术发展趋势以及相应的实践经验，从系统具体实现角度提出系统总体的技术实现方案和软硬件物理部署方式。

各架构域在设计过程中是存在多次迭代的，通过对业务架构、应用架构、数据架构和技术架构的规划设计，为从业务到系统的建设提供了有形、科学的方法，为技术方案的编制提供了依据和指导。技术方案围绕架构需求，从应用架构、数据架构、技术架构几个方面进行了的设计。系统架构设计遵循微服务规范、数据标准规范、安全规范、EA架构、业务协同等要求。

系统技术架构、数据架构和应用架构设计需符合电网公司 EA 架构规范。

技术架构说明技术概述、技术平台、技术平台的接入设计、基础设施使用设计以及非功能设计。

数据架构包括数据域、数据主题、逻辑数据模型和物理数据模型，横向上包括概念实体在应用模块中的分布关系。

应用架构包括应用域、应用模块、应用功能和应用实现；横向上包括应用模块的分布关系、应用的集成和应用角色。

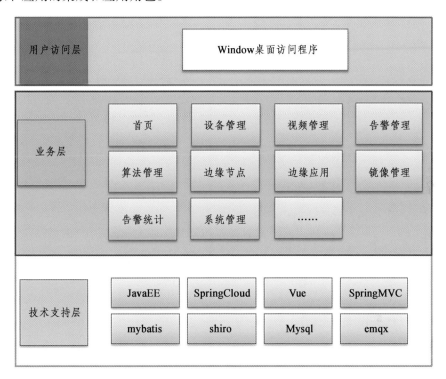

图 11.1　系统架构

## 11.4　应用架构设计

应用架构通过对业务模型的理解，采用 IT 信息化的系统分析方法，对智能边缘管理平台软件和边缘应用程序进行全面的分析和抽象，将具体的业务实现按照功能模块组织形成相应的功能域。本项目主要包括 PC 端应用和移动端应用，PC 端应用主要是支撑一些后台信息维护、存储、展示工作，移动端应用主要是边缘终端管理的工作。

## 11.5　数据架构设计

数据架构方面，参照 EA 要求，并基于国际通用的公共信息模型 CIM 标准，结合"软硬件轻量化的边缘计算智能终端设备研发项目"中智能边缘管理平台软件和边缘应用程序软件的具体应用，采用引用、继承、组合的方式建立适合高效的数据模型，满足智能边缘管理平台和边缘应用程序业务需求及本项目的管理要求，形成统一的数据标准，从而实现智能边缘管理平台和边缘应用程序的标准化、规范化和透明共享。

## 11.6　逻辑架构设计

智能边缘管理平台逻辑架构分为数据支撑层、功能模块层和应用层，如图 11.2 所示。数据支撑层主要是关联超轻量化边缘智能终端（无人机小脑）和轻量化边缘智能终端进行数据的获取，通过智能终端具备的 AI 算法实现智能化识别和预警；功能模块主要是对预警、视频等数据进行展示统计，同时对设备进行管控；展示层主要分为 Web 端和 App，通过不同的方式展示数据信息。

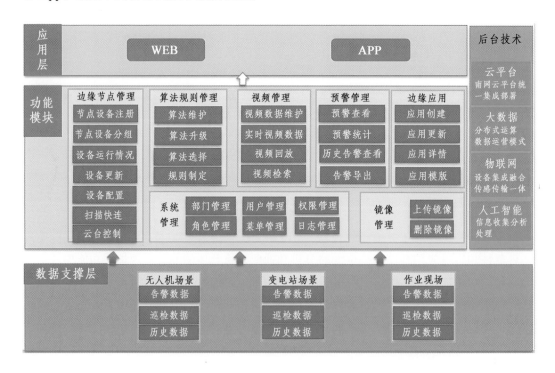

图 11.2　智能边缘管理平台逻辑架构

## 11.7　部署方案实现过程

### 11.7.1　设计体系架构

kubeedge 分为两个可执行程序，cloudcore 和 edgecore，分别有以下模块：

1. cloudcore

（1）CloudHub：云中的通信接口模块。

（2）EdgeController：管理 Edge 节点。

（3）devicecontroller：负责设备管理。

2. edgecore

（1）Edged：在边缘管理容器化的应用程序。

（2）EdgeHub：Edge 上的通信接口模块。

（3）EventBus：使用 MQTT 处理内部边缘通信。

（4）DeviceTwin：它是用于处理设备元数据的设备的软件镜像。

（5）MetaManager：它管理边缘节点上的元数据。

（6）ServiceBus：接收云上服务请求和边缘应用进行 http 交互。

### 11.7.2　选择合适的开发技术

例如，选择容器化技术（如 Docker）实现边缘应用的部署和管理，使用轻量级的分布式协同服务（如 Kubernetes）实现云边协同。

使用 Docker 后，可以确保应用运行在几乎任何地方，因为 Docker 能够在任何支持 Docker 的系统环境中重现相同的运行环境。以下是使用 Docker 部署应用的简单步骤：

1. 创建 Dockerfile

Dockerfile 文件是一个配置文件，它描述了如何构建 Docker 镜像。Dockerfile 文件中每一条指令都会在镜像上构建一层，每一层都是对镜像添加一个新的变动。可以在此文档中设置所需的操作环境。

编写 Dockerfile 如下：

FROM python：3.6-slim

WORKDIR /app

COPY . /app

RUN pip install --no-cache-dir -r requirements.txt

CMD ["python", "app.py"]

创建应用的 Docker 镜像：在 Dockerfile 所在的目录下，运行如下命令：

docker build -t my-app：1.0 .

运行 Docker 容器：

docker run -d -p 5000：5000 my-app：1.0。

## 2. Kubernetes

Kubernetes 则用于 Docker 容器的管理，可以在 Kubernetes 上部署、管理和扩展容器化的应用。

创建一个 Kubernetes Deployment 配置。这个配置告诉 Kubernetes 如何创建和更新应用实例。一旦创建了一个 Deployment，那么 Kubernetes 就会开始在集群中运行应用。创建 Deployment 的配置通常保存在一个 YAML 文件中。例如：

apiVersion: apps/v1                                    app: my-app
    template:                                          kind: Deployment
metadata：                                             metadata：

    name: my-app          labels: app: my-app    spec：    containers：- name: my-app
image: my-app：1.0      ports：

    labels：
        app: my-app

spec：
    replicas: 3
    selector：
        matchLabels：

## 3. Cloudcore 模块

CloudHub 是一个 Websocket 通信模块，在云端用于接收来自 Edge 的消息，并将消息路由到相关组件。

（1）EdgeController：用于管理和控制 Edge 节点以及与其相关的元数据。

（2）DeviceController：在云端维护设备生命周期。

（3）edgecore 模块：

① Edged：用于在 Edge 端管理容器化的应用程序。

② EdgeHub：一个 Websocket 通信模块，用于在 Edge 端接收并发送消息到云端。

③ EventBus：一个基于 MQTT 协议的内部 pub/sub 消息模块。

④ DeviceTwin：设备管理模块，用于在 Edge 端维护设备状态信息。

⑤ MetaManager：桥接 Edged 和 CloudHub 模块，对 Edge 端的元数据进行管理。

⑥ ServiceBus：用于暴露和处理 Edge 原生应用程序与云服务之间的 HTTP 或 HTTPS 请求。

### 11.7.3　选用的开发技术

对于选用的开发技术，首选容器化技术 Docker，因为它可以使得应用程序和所运行的环境进行隔离，避免因环境差异导致的问题。通过编写 Dockerfile 可以定义容器内的运行环境、需要安装的依赖。之后通过 docker build 命令可以快速生成可移植的 Docker 镜像。通过 Docker run 命令可以无缝部署到任何支持 Docker 的服务器上。

Kubernetes 作为一个开源的容器编排和管理平台，可以自动实现服务的部署、扩展以及运行状态的维护。Kubernetes deployment 可以用于描述期望的应用状态，并且当发生错误时，Kubernetes 会自动进行恢复。当有新的 Docker 镜像发布时，也可以实现无缝升级。

经过上述操作，平台就在 Kubernetes 集群中运行了，并且 Kubernetes 可以保证应用始终在运行。如果应用崩溃了，Kubernetes 会重启它；如果机器出现问题，Kubernetes 会迁移或者重启应用。

（1）安全性：在 CloudHub 和 EdgeHub 之间的通信过程中，需要确保数据的安全传输。对数据进行加密处理，并采用认证机制，如 SSL/TLS，来防止数据在传输中被窃取或篡改。

（2）高可用性：要考虑 CloudHub 和 EdgeHub 的高可用性设计，例如，可以采用云服务的负载均衡和故障转移策略来提高系统的可用性。

（3）扩展性：系统应具有良好的扩展性，便于随着业务需求的增长而进行扩展。在实现上，可以考虑 CloudHub 和 EdgeHub 的模块化设计，使得在需要增加新的功能或者扩大规模时，只需要添加或者扩展相关的模块即可。

（4）智能化：可以在 EdgeController 中增加一些 AI 算法模型，使得边缘设备能够进行更多的局部决策，减小对中心节点的依赖，降低延时。

（5）容错处理：系统应具备良好的容错和自我修复能力，对于故障的设备或者服务能够快速发现并替换，当出现问题时可以快速回滚到可用状态。

（6）对接第三方设备和服务：考虑到现实应用中可能会有多种类型的设备和第三方服务，系统应该具备良好的通用性和兼容性，可以通过标准的接口和协议进行对接。

同时，所有的修改和优化都需要考虑其对现有系统性能和稳定性的影响，确保在满足新的需求的同时，不会降低系统的整体性能。

## 11.8 解决的问题

智能边缘管理平台主要可以解决以下问题：

（1）边缘设备管理问题：边缘设备数量庞大，响应速度快，数据处理能力强，如何有效地管理这些设备，是一个重大挑战。智能边缘管理平台可以对所有边缘设备进行统一管理，包括设备的注册、激活、配置、升级、故障处理等。

（2）数据统一管理和调度问题：多个边缘终端设备会产生大量的数据，如何进行有效的数据管理和调度，是亟待解决的问题。智能边缘管理平台可以实现数据的统一管理和调度，将数据在云端和边缘端之间进行合理分配和处理。

（3）故障预警和处理问题：当边缘设备出现故障时，如何及时发现并处理是一大难题。智能边缘管理平台可以实时监控设备状态，一旦设备出现异常，平台可以立即发出预警，并指导处理故障。

（4）边缘资源优化问题：如何合理利用和优化边缘资源，是提高系统性能的关键。智能边缘管理平台可以对边缘资源进行动态调度和优化，提高资源的利用率。

（5）安全和隐私问题：在数据传输和处理过程中，如何保障数据的安全和用户的隐私，是当前的重要问题。智能边缘管理平台可以实现数据的加密传输，保护数据的安全以及用户隐私。

## 11.9 智能边缘管理平台软件

### 11.9.1 系统说明

智能边缘管理平台通过与智能边缘终端的应用实现轻量化智能预警分析，提升智能边缘终端的应用，实现变电站现场实时预警分析处理。功能点包括设备管理、告警管理、视频监控、算法管理、边缘节点、系统管理等模块。移动端包括首页、终端管理、算法规则、视频管理和告警管理等模块。

1. 登录界面

系统平台已在南网内网服务器中完成部署，并通过第三方入网测试工作。系统平台访问地址为：http：//10.111.19.164/zypt，通过分配的账号、密码进行登录，如图 11.3 所示。

图 11.3　智能边缘管理平台登录界面

**2. 首　页**

首页作为平台的数据门户,用于展示企业的一些主要指标,实现对企业管理重要信息进行集中展示,展示形式支持各种灵活的查询、数据分类汇总,并能以多种形式表现数据,如柱状图、折线图、表格等形式。同时通过可视化的方式,对各项业务等进行大数据分析,辅助企业决策,提升管理水平。

**3. 视频监控**

接入视频信息查看,支持通道列表查看设备接入数量、在线/离线情况,如图 11.4 所示。

(1)视频设备列表展示为列表展示。

(2)视频列表中可以查看包含的所有通道。

(3)视频可以查看实时视频和历史视频,对视频进行播放。

(4)视频设备列表包含新增、修改、删除、查询等功能

图 11.4　视频监控

**4. 告警视频**

本界面用于告警信息查看,如图 11.5 所示。

图 11.5　告警视频

1）实时告警情况

（1）告警信息展示以列表的方式展示。

（2）列表展示设备关联的作业情况，可以进行删除和导出。

（3）列表中可以直接查看报警快照图片、查看录像和所有告警信息。

（4）在线设备若产生报警信息，可以直接进行查看，可以查看视频和识别出来的照片信息。

2）历史告警情况

对应离线设备可以查看历史告警情况。

3）告警统计分析

对告警信息进行多维度的统计分析，并形成对应的统计报表。

4）告警查询

可以对告警信息进行多维度检索查询，以作业、年份、告警类型等维度进行历史告警查看及信息追溯。

5. 录像回放

录像回放支持通道视频回看，如图 11.6 所示。

图 11.6　录像回放

### 6. 告警统计

本界面对告警信息进行多维度的统计分析，并形成对应的统计报表，如图 11.7 所示。

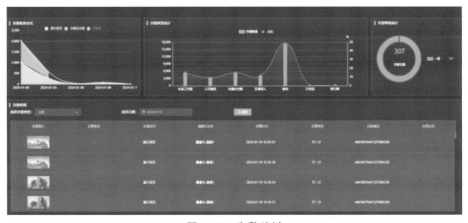

图 11.7　告警统计

### 7. 算法维护

本界面可以对算法进行新增、修改、删除、查询和查看等操作，如图 11.8 和图 11.9 所示。添加算法时能够上传算法安装包，这样便于将算法绑定到设备时，设备直接获取算法安装包进行安装或升级更新。

图 11.8　添加算法

图 11.9　删除算法

8. 算法配置

本界面可以设置视频通道算法规则、告警分值参数等，如图 11.10 所示。

图 11.10　算法配置

9. 算法下发

本界面可推送算法包到设备端，如图 11.11 所示。

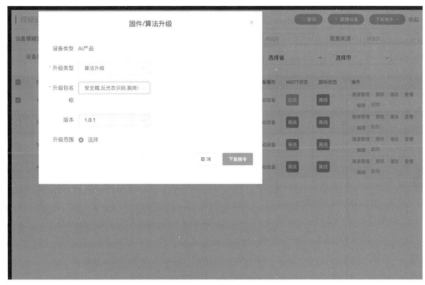

图 11.11　算法下发

10. 系统设置

本界面可对系统参数进行设置，如图 11.12 所示。

图 11.12　系统设置

11. 企业设置

1）企业信息

本界面支持企业号、企业商标、企业名称、企业简称、联系方式的自定义，如图 11.13 所示。

## 企业信息

企业号: 00020

企业logo:

支持jpg、jpeg、png格式,尺寸（80*80像素），文件不超过30kb

企业名称: **龟敏系统开发**

企业简称: 请输入企业简称

注: 首页Logo旁显示简称

联系方式: 13800000090

保存

图 11.13　企业设置

2）组织架构维护

本界面支持组织管理、角色管理、岗位管理，支持人员新增、修改、删除，如图 11.14 所示。

图 11.14　组织架构维护

3）角色功能授权

本界面支持角色对平台功能的授权（查看、添加、修改、删除、导出），如图 11.15 所示。

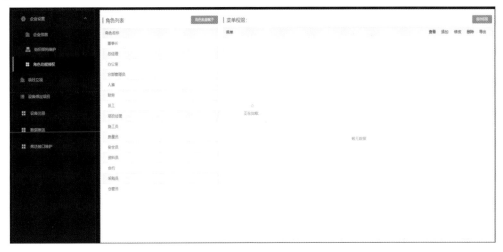

图 11.15　角色功能授权

12. 设备分配分组

本界面支持查询和新增绑定前端监控设备；设备匹配分组名称、设备名称、设备编码、设备类型、通道编码、通道名称、绑定状态、绑定人、绑定时间、ICCID 号码、数据来源；支持设备播放、查看、解绑，如图 11.16 所示。

图 11.16　设备分配分组

13. 设备注册

在本界面可对新加入的设备进行注册，如图 11.17 所示。

图 11.17　设备注册

### 14. 设备基本信息

本界面可以查看设备的基本信息，如图 11.18 所示。

图 11.18　设备基本信息

### 15. 设备运行情况

本界面可以查看 MQTT 在线状态与视频国标在线状态，如图 11.19 所示

图 11.19　设备运行情况

16. 设备更新

上传固件到平台，如图 11.20 所示。

图 11.20　上传固件到平台

下发固件/算法更新到设备端，如图 11.21 所示。

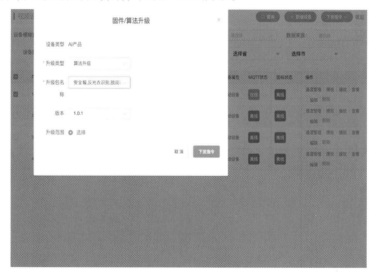

图 11.21　下发固件/算法更新到设备端

17. 设备配置

本界面支持通道管理，可对设备编辑、绑定算法、删除，如图 11.22 和图 11.23 所示。

图 11.22　通道管理

图 11.23　算法配置

　　编辑通道中可进行拉流地址填写，格式"rtsp：//192.168.1.148/stream0100/"，如图 11.24 所示。

| | |
|---|---|
| 编辑通道 | ← 返回上级页面 |
| 通道编码： | 44010078441327000328 |
| 通道序号： | 1 |
| 通道名称： | 警示牌 |
| 所属设备编码： | 44010078441187000151 |
| 是否启用通道： | 否 |
| 拉流地址： | rtsp://192.168.1.148/stream0100/ |
| | 取消　　确定 |

图 11.24　拉流地址填写

18. 云台控制

控制布控球、球机云台，支持左、右、上、下方向旋转，如图 11.25 所示。

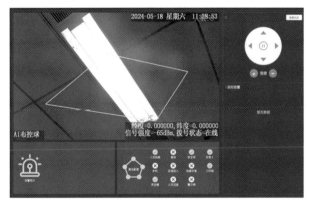

图 11.25　云台控制

19. 数据推送

支持设备推送配置，新增、导出，如图 11.26 所示。

图 11.26　设备推送配置

可根据设备编码、名称、类型以及终端类型，选取设备对应编码，如图 11.27 所示。

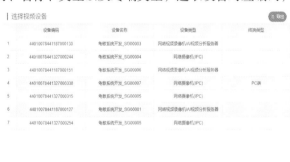

图 11.27　选取设备对应编码

20. 推送接口维护

支持新增第三方接口，可编辑对接接口，支持对第三方进行数据推送服务，如图 11.28 所示。第三方接口配置如图 11.29 所示。

| | 设备类型 | 接口类型 | 接口名称 | 数据适配器ID | 处理程序ID | BaseUrl | HTTP鉴权信息 |
|---|---|---|---|---|---|---|---|
| 1 | AI设备 | HTTP接口 | 安环告警数据接口 | | AnHuanYuanAIDataPushI | http://11.11.32.247:9011 | ahy1226 |

图 11.28　新增第三方接口

图 11.29　第三方接口配置

### 11.9.2　应用成效和创新性

1. 应用成效

（1）提高资源利用率：通过云边协同体系架构实现工作负载的动态分配，使得边缘资源和云资源能更有效地利用。例如，对于一些实时性要求不高的业务，可以将其放在云端处理，从而释放边缘资源来处理实时性要求高的业务。

（2）提升业务灵活性和响应速度：由于云-边、边-边可以动态切换，可以根据业务需要和网络状态进行最优的任务分配和调度，从而提升业务灵活性和响应速度。

（3）简化运维管理：管理边缘计算智能终端设备和 AI 算法，降低运维管理的复杂性和难度。例如，可以通过云端集中管理和更新边缘设备的软件，节省独立对每个设备进行管理和更新的时间。

（4）提高服务可用性：由于可以借助云端的强大计算能力和存储能力，边缘设备在处理本地任务时如果出现问题，可以迅速切换到云端，提高服务可用性。

（5）数据安全性提升：一方面，由于大部分数据处理工作可以在边缘端完成，减少了数据在网络中传输的次数，降低了数据泄露风险。另一方面，这种结构的灵活切换也保证了在某些设备遇到攻击时，能迅速进行应急响应，降低风险。

2．创新性

（1）设备分布式管理：传统的集中式设备管理方式在海量边缘设备的场景下会面临各种挑战。而本项目中的智能边缘设备管理平台实现了设备的分布式管理，可以轻松处理大规模边缘设备的管理和调度问题。

（2）实现云边协同管理：一般的设备管理平台往往只能管理云端或者边缘端的设备，但是本项目的平台实现了云边协同管理，保证了数据在云端与边缘设备之间的高效协同和调度。

（3）动态资源调度：传统的设备管理往往是静态的，无法根据工作负载和设备状态进行动态的资源调度。本项目的管理平台实现了边缘资源的动态调度，可以根据任务需求和设备状态，实时调整设备资源的分配。

（4）预警系统：针对电力系统的特性，该平台具备了预警系统，一旦设备或系统状态异常，能够及时产生预警，并指导工作人员进行故障处理。

（5）数据安全保障：利用加密和其他相关技术，保障了在云端和边缘端之间传输的数据的安全性，防止数据泄露和篡改。同时，也将保护用户隐私放在了优先位置，创新性地在提供服务的同时，降低了用户的信息安全风险。

## 11.10　边缘应用成效

### 11.10.1　系统说明

1．登录云平台

手机网络须与边缘服务器网络处于同一局域网下，输入账号、密码以及边缘服务器的 IP 地址即可登录，如图 11.30 所示。为了确保安全性和保密性，平台会对登录信息进行严格审核。成功登录后，可以开始对云平台进行各项操作。

图 11.30　登录云平台

## 2. 云平台首页

云平台首页提供了丰富的功能和信息展示（见图 11.31），以便快速了解现场的运行状况。

（a）　　　　　　　　　　（b）

图 11.31　云平台首页

### 3. 预警事件

此板块展示了当日最新的告警图片。这些图片包含了告警的名称、发生时间以及相关监控名称（见图 11.32），帮助用户及时了解设备状况并采取相应措施。

图 11.32　预警事件

### 4. 设备状态统计

此板块展示了项目设备的总数、在线设备数量以及离线设备数量，如图 11.33 所示。通过这一信息，用户可以直观地掌握设备的在线状态，便于进行设备管理和维护。

图 11.33　设备状态统计

### 5. AI 识别

该板块提供了告警类型数量及比例的统计数据（见图 11.34 所示），通过 AI 技术的智能分析，用户可以更加准确地了解告警情况，更快地作出决策，提高管理水平。

### 6. 告警类型统计

此板块展示了当前告警类型的比例（见图 11.35），让用户一目了然地知道哪些类型的告警较为集中，这有助于针对性地解决问题，提高运维效率。

图 11.34　AI 识别

### 7.7 日告警变化

该板块呈现了 7 天内告警数据的波动情况，如图 11.36 所示。通过观察这一曲线，用户可以掌握告警发生的频率和趋势，从而制定更合理的运维策略。

图 11.35　告警类型统计

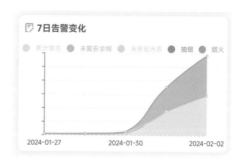

图 11.36　7 日告警变化

**8. 实时监控**

可实时对现场情况进行监控，如图 11.37 所示。

（a）　　　　　　　　　　　　（b）

图 11.37　实时监控

### 9. 接入视频信息

本项目的所有已接入视频通道将以列表形式展示，清晰明了地呈现在线与离线情况，如图 11.38 所示。绿色标点代表在线状态，方便用户快速找到正在直播的通道；红色标点则表示离线状态，便于了解各通道的实时动态。

图 11.38　接入视频信息

### 10. 智能搜索

页面上的搜索框为用户提供便捷的搜索功能，只需输入关键词，即可快速定位到相关视频通道，如图 11.39 所示。

Q　搜索

图 11.39　智能搜索

### 11. 视频列表展示

在视频列表页面，用户可以查看所有包含的通道，一目了然。点击某个通道，即可进入视频播放页面，如图 11.40 所示。

### 12. 监控操作

视频播放页面提供多种操作按钮，随意操控摄像头。点击上下左右即可旋转；长按按钮，即可实现缩放功能，如图 11.41 所示。

图 11.40　视频列表展示

图 11.41　监控操作

13. 告警管理

（1）支持查看告警图片，如图 11.42 所示。

（2）通过选择日期查询历史告警。

图 11.42　告警管理

14. 终端管理

支持对终端进行固件/算法升级、重启设备、启动远程、关闭远程、召唤参数等操作，如图 11.43 所示。

（a）                    （b）

图 11.43　终端管理

15. 通道信息

（1）查看/编辑：可以查看以及编辑设备信息，修改完成后需点击保存。

（2）通道管理：查看视频通道信息。

（3）播放：播放相应通道视频。

16. 下发指令：

（1）固件/算法升级：通过远程下发升级包对 AI 边缘服务器进行版本升级。

（2）重启设备：远程下发设备重启命令、召唤参数、手动上传 MQTT 数据到云平台。

（3）启动/关闭远程：远程设备后台（需要第三方应用操作）。

17. 新增设备

按照设备类型进行配置保存，平台自动生成上级平台所需数据，通过点击可查看信息如下：

设备编码：44010078441327000xxx。

通道编码：44010078441327000xxx。

MQIT 密码：99D8778E76C04860B39EA5A9FE941FA4。

支持通道查看、管理，可对设备信息进行编辑。

18. 账号管理

账号管理界面如图 11.44 所示。

图 11.44　账号管理

19. 今日告警汇总

这部分为展示今日发生的告警类型及其数量，如图 11.45 所示。用户可以从这里快速了解哪些告警出现次数异常，以便及时采取措施进行处理。

今日告警汇总(5461)

| 436 | 396 | 1028 | 342 |
|------|------|------|------|
| 工作服 | 人员越线 | 安全帽 | 闯入 |

3259

离岗

图 11.45　今日告警汇总

20. 设备配置

（1）显示设备基本信息。

（2）操作按钮进行国标（即国家标准）GB 28181 配置、音频设置、网络设置、MQTT平台设置以及设备重启和服务重启，如图 11.46 所示。

设备信息

用户注册信息：建软科技
设备型号：JRAI-Lynxi-hs100
通道数目：16
设备序列号：586b5a2d-4bbe-4d5a-8a0c-2e631e480b57
设备SN：BOALB23217A00123
MAC地址：1C:59:74:70:11:E3
设备激活状态：已激活

国标GB28181配置　　音频设置

网络设置　　MQTT平台设置

设备重启　　服务重启

vConsole

首页　实时监控　告警管理　设备配置　我

（a）

| 首页 | |
|------|------|
| 上级平台设备ID | 44010078442009000089 |
| 上级平台域ID | 4401007844 |
| 上级平台IP | 182.254.240.73 |
| 上级平台端口 | 15692 |
| 上级平台密码 | SntVMP_1a3c_lwvB#^4Aywe9Y^@Ys |
| 本级平台设备ID | 44010078441187000135 |
| 本级平台客户端端口 | 5060 |
| 本级平台客户端注册有效期 | 3600 |
| 本级平台客户端注册周期 | 600 |
| 本级平台客户端心跳周期 | 60 |
| 是否启用 | |

取消　　保存

（b）

图 11.46　设备配置

237

21. GB 28181 配置

本产品支持 GB 28181 协议，可以把本产品分析后的视频输出到 28181 平台中，类似 NVR 的操作，但只支持视频直播。

上级平台设备 ID：440100824420090000**。

上级平台域 ID：44010082**。

上级平台 IP：28181 平台服务器 IP。

上级平台端口：28181 平台服务器端口。

上级平台密码：28181 平台服务器密码。

本级平台设备 ID：28181 平台分配的设备编码。

设备通道编码则在通道管理中录入 28181 平台分配的通道编码。

22. 平台 IOT

把当前设备通过 MQTT 协议接入到设备管理平台，这样设备可以进行远程升级算法及程序，并推送告警信息，如图 11.47 所示。

（a）　　　　　　　　　　　（b）

图 11.47　平台 IOT

平台域名：设备管理平台的 IP，配置时要了解当前设备要接入到哪个平台，不同平台 IP 均不同。

平台端口：设备管理平台的端口，一般默认为 1884。

设备 ID：录入设备标签上的产品序列号，如 EMBLX22722A00001。

密码：设备 ID 录入到设备管理平台时，平台会自动生成一个密码，这个密码每个设备均不同。需要从平台中复制到设备中。

订阅接口、发布接口：需修改设备编码为设备 ID，如 EMBLX22722A00001。

设置好的保存，重启设备，如显示注册成功则说明已接入平台。

## 11.10.2　应用效果和创新性

### 1. 应用效果

在电力系统中采用边缘应用程序，可以实现实时监控、及时响应和迅速处理电力系统中出现的问题。

（1）实时监控：在每一个检测点安装有智能边缘设备，可以实时收集检测数据并送入边缘应用程序。在应用程序中，可以清晰直观地看到实时的监控数据，便于观察系统状态。

（2）风险预警：借助于 AI 技术，程序可以自动对数据进行预处理和分析，自动发现和预警可能存在的风险点，然后通过系统展示在边缘应用程序的可视化界面上，方便维护人员进行查看和分析。

（3）迅速响应：当检测到系统中存在不正常现象时，边缘应用程序可以迅速发出响应和通知，进行问题定位，有针对性地解决问题，避免问题发展和扩大。

（4）提高效率：边缘应用程序可以云边协同工作，实现了数据的快速处理和决策，减少了数据传输和处理的时间，大大提高了系统的运行效率。

（5）便于管理：利用边缘应用程序，可以实现对智能边缘设备的远程管理和控制，减少了人工参与，降低了管理成本。

（6）易于扩展：在应用程序中，可以轻松地添加新的设备和节点，便于实现系统功能的扩展和升级。

以上，边缘应用程序在电力系统中的应用，有助于提高系统的运行效率和稳定性，降低运行和维护成本，增强系统的智能化和自动化水平。

### 2. 创新性

（1）实时性：针对电力系统中实时性要求非常高的特点，设计了可以实时显示、预警、追踪和处理问题的边缘应用程序。通过将收集的数据实时传输至应用程序，能够更快速地发现和处理问题。

（2）云边协同：边缘应用程序采用云边协同的方式进行设计，可以实现电力业务在云-边、边-边之间动态切换，提高数据处理效率。

（3）可视化用户界面：在边缘应用程序中，利用可视化技术将 AI 算法识别的作业风险直观地展现给用户，提供更好的用户体验。

（4）动态扩展性：借助边缘应用程序，能实现对智能边缘设备的动态管理和扩展，非常适应电力系统对灵活性和扩展性的需求。

（5）故障定位与快速响应：通过边缘应用程序，可以实现精确的故障定位和快捷的响应措施，大大提升了处理风险和隐患的效率，提高电力设施的安全性。

（6）跨平台特性：边缘应用程序可以在不同的操作系统和设备上运行，方便操作员在不同设备上进行远程监控和操作，具有高度的便捷性和实用性。

# 第 12 章

# 未来发展与展望

## 12.1 红外-可见光多源图像融合技术的未来发展方向

红外-可见光多源图像融合技术的未来发展方向将涉及智能化和自动化、多光谱红外图像技术的应用、图像配准方法的研究、融合图像色彩保真度的提升以及硬件设备的发展等多个方面。随着这些方向的不断探索和进步，红外-可见光多源图像融合技术将在更多领域发挥重要作用，为人类社会的发展做出更大的贡献。

随着计算机科学技术的不断进步，图像融合技术将实现更高的智能化和自动化。未来，图像融合算法将更加精准，能够自动识别和匹配不同类型的图像数据，实现更高效的信息提取和融合。同时，随着深度学习和人工智能技术的发展，图像融合算法将能够自我学习和优化，以适应不同场景和应用需求。

多光谱红外图像技术的应用将进一步推动红外-可见光图像融合技术的发展。多光谱红外图像技术能够捕捉不同波段的红外辐射，提供更丰富的信息。将多光谱红外图像与可见光图像进行融合，可以进一步提高图像的识别能力和应用范围。例如，在军事侦察领域，多光谱红外图像融合技术可以帮助军队更准确地识别目标，提高作战效率；在环境监测领域，该技术可以用于监测污染源的排放和扩散情况，为环境保护提供有力支持。

此外，图像配准方法的研究也将成为红外-可见光图像融合技术的重要发展方向。在实际应用中，不同类型传感器很难捕获空间严格对齐的图像，这会影响融合图像的质量。因此，研究精确的配准算法，实现红外图像与可见光图像的精确对齐，是提高融合图像质量的关键。

同时，融合图像色彩保真度问题也需要得到更多的关注。现有融合算法大多只关注于融合可见光图像的梯度信息和红外图像的强度信息，很少注意到保留可见光图像中颜色信息的重要性。然而，具有高色彩保真度的图像更适合人类的视觉感知。因此，未来的红外-可见光图像融合技术需要在保留强度信息和梯度信息的同时，注重保留可见光图像的色彩保真度，以提升融合图像的质量。

随着硬件设备的不断发展，红外探测器技术的性能将得到进一步提升。红外图像的分辨率将得到显著提高，这将极大地提高红外图像的细节表现力和应用范围。同时，随着新型成像设备和传感器的出现，红外-可见光图像融合技术将能够获取更多元化、更高质量的图像数据，为各领域的应用提供更有力的支持。

## 12.2　电网企业远方安全管控能力的提升与展望

随着科技的不断进步和电力需求的日益增长，电网企业远方安全管控能力的重要性日益凸显。远方安全管控不仅关乎电力系统的稳定运行，更涉及国家安全、经济发展和社会稳定等多个层面。因此，提升电网企业远方安全管控能力，对于保障电力供应、优化资源配置、推动能源转型具有重要意义。

### 12.2.1　当前电网企业远方安全管控能力现状

目前，电网企业在远方安全管控方面已经取得了一定的成就，但仍然存在一些不足。首先，电网企业的信息化水平还有待提高。虽然大部分企业已经实现了信息化基础设施的建设，但在数据共享、系统互通等方面还存在一定的障碍，导致信息传递不畅，影响安全管控的及时性和准确性。其次，电网企业的安全管理制度和流程尚需完善。一些企业存在制度执行不到位、流程不规范等问题，给安全管控带来一定的风险。此外，电网企业在应对新型安全威胁方面也存在一定的挑战，如网络攻击、黑客入侵等，这些新型安全威胁对电网企业的远方安全管控提出了更高的要求。

### 12.2.2　电网企业远方安全管控能力的提升路径

加强信息化建设，提升数据共享和互通能力。电网企业应加大信息化投入，推动信息化技术在安全管控领域的应用。通过建设统一的数据平台，实现各部门、各系统之间的数据共享和互通，提高信息传递的效率和准确性，为安全管控提供有力支持。

完善安全管理制度和流程，确保制度执行到位。电网企业应建立健全安全管理制度和流程，明确各部门、各岗位的职责和权限，确保制度的严格执行。同时，加强对制度执行情况的监督和检查，及时发现问题并进行整改，确保安全管控工作的有效开展。

强化技术研发和创新，提升应对新型安全威胁的能力。电网企业应加强与科研机构、高校等单位的合作，共同开展安全技术研发和创新。针对新型安全威胁，研发出更加先进、更加有效的安全管控技术和手段，提高电网企业的安全防护能力。

### 12.2.3　电网企业远方安全管控能力的未来展望

随着智能电网、物联网等技术的不断发展，电网企业远方安全管控能力将迎来更加广阔的发展前景。首先，智能电网的建设将推动电网企业实现更加精准、高效的安全管控。通过引入大数据、云计算等技术手段，实现对电网运行状态的实时监测和预警，提高安全管控的及时性和准确性。其次，物联网技术的应用将进一步提升电网企业的安全防护能力。通过实现对电网设备的远程监控和管理，及时发现和处理潜在的安全隐患，降低安全风险。此外，随着人工智能技术的不断发展，电网企业还将实现更加智能化、自动化的安全管控，提高安全管控的效率和水平。

总之，提升电网企业远方安全管控能力是一个长期而艰巨的任务。需要企业不断加强自身建设，提高信息化水平、完善管理制度、强化技术研发和创新等方面的工作。同时，还需要政府、科研机构等各方共同努力，推动电力行业的持续发展和进步。

# 参考文献

[1] 吴英. 边缘计算技术与应用[M]. 北京: 机械工业出版社，2022.

[2] 张俊举. 红外与可见光图像融合系统评价[M]. 西安: 西安电子科技大学出版社，2024.

[3] 陈星，林兵，陈哲毅. 面向云—边协同计算的资源管理技术[M]. 北京: 清华大学出版社，2023.

[4] 杨博，余涛. 人工智能在新能源发电系统中的应用[M]. 北京: 中国电力出版社，2023.

[5] 戴亚平，马俊杰，王笑涵. 多传感器数据智能融合与应用[M]. 北京: 机械工业出版社，2021.

[6] 董董灿. AI 视觉算法入门与调优[M]. 北京: 化学工业出版社，2025.

[7] 郑云文. 数据安全架构设计与实战[M]. 北京: 机械工业出版社，2019.